영어책 좋아하는 아이의 비밀

리더스 챕터북
영어 공부법

영어책 좋아하는 아이의 비밀

리더스 챕터북 영어 공부법

정정혜 지음

라이프앤페이지
Life&Page

독립 읽기로 가는 과도기,
리더스 챕터북이 중요한 이유

제가 어린이 영어 교육 현장에서 수업을 시작한 지 올해로 24년이 되었습니다. 2009년부터는 성인을 대상으로 한 영어 지도법 강의를 시작했습니다. 그렇게 교육 현장에서 수많은 학부모님과 영어 교사분들을 만나며 제가 가장 많이 받은 질문이 있습니다. 바로 아이의 수준에 맞는 책을 고르는 기준이 무엇이고, 언제쯤 다음 단계로 넘어가야 하는가입니다.

아이가 가장 처음 접하게 되는 영어 그림책의 경우, 제가 이미 두 권의 책을 펴내며 단계별 학습법과 영어 공부에 도움이 되는 그림책들을 정리한 바 있습니다. 이렇게 영어 그림책을 충분히 읽으며 파닉스 학습으로 소리와 문자 간의 규칙을 배운 아이들은, 더듬더듬 쉬운 문장을 읽기 시작합니다. 이때부터 단계별로 정리가 잘 되어 있는 리더스를 선택해서 서서히 본격적인 영어책 읽기에 들어가게 되지요.

바로 여기서 많은 분들의 고민이 시작됩니다. 시중에 나와 있는 유명 리더스들은 수백 권에 이르는 책을 여러 단계로 나눠서 출간하고 있습니다. 하지만 책의 수준이 리더스마다 각기 달라서 선택하기가 쉽지 않습니다. 옥스퍼드 리딩 트리(Oxford Reading Tree)의 레벨 2와 스텝 인투 리딩(Step into Reading)의 레벨 2는 같은 수준이 아니거든요. 이런 리더스 시리즈가 한두 개가 아니기 때문에 어떤 리더스를 어떤 기준으로 골라야 하는지 막막해집니다.

책의 수준을 알려주는 레벨 지수도 렉사일, AR, GRL 등 여러 개인데, 리더스마다 기준으로 삼은 레벨 지수가 다릅니다. 여기에 영어를 모국어로 사용하는 아이들을 기준으로 한 추천 연령은 우리를 더 혼란스럽게 합니다. 또, 워크북이 있는 리더스도 있고, 없는 리더스도 있지요.

챕터북은 또 어떨까요? 리더스 단계를 잘 넘어간 아이들은 챕터북이라는 큰 산 앞에서 주춤하게 됩니다. 리더스는 그림책처럼 그림의 비중이 높고 권당 어휘수가 적어 거부감이 덜한 반면, 글자가 빽빽하게 있는 챕터북은 장벽이 훨씬 높게 느껴지거든요. 이럴 때는 리더스와 챕터북 사이를 편안하게 넘어가기 위한 책을 고르는 것이 중요해집니다. 부모와 교사들은 정보의 바다에서 바늘을 찾듯 아이에게 맞는 책을 구하기 위해 또 한 번 헤매게 되지요.

영어 그림책을 활용한 영어 독서 지도나 파닉스 지도법과 달리 리더스 챕터북 영어 지도법은 그 내용이 워낙 방대하고, 참고할 만한 책이 거의 없어서 저 역시 늘 아쉬웠습니다. 이에 지난 12년간 리더스, 챕터북 영어 지도 강의를 하며 연구해온 자료들을 모아 한 권의 책으로 펴내게 되었습니다.

외국어 학습자인 우리 아이들이 혼자서, 즐겁게 영어책을 읽게 되기까지는 정말 많은 노력이 필요합니다. 특히 읽기, 듣기, 비디오 시청 등 얼마나 많은 양의 '입력'이 이루어지는지가 매우 중요하지요. 독립 읽기로 가는 과도기에 리더스, 챕터북 시리즈가 꼭 필요한 이유입니다. 그리고 아이에게 책을 제공하는 역할을 하게 되는 부모가 리더스, 챕터북을 알아야만 하는 이유이기도 합니다.

이 책은 처음으로 리더스의 세계를 마주한 분들을 위해 대표 리더스와 유명 챕터북은 어떤 것들이 있는지 알아보고, 각 시리즈의 레벨 수준을 가늠해볼 수 있는 정보들을 되도록 상세히 제시하고자 했습니다. 또한, 리더스, 챕터북의 시리즈별, 레벨별 수준을 한눈에 비교할 수 있는 종합 레벨표를 정리했습니다. 리더스와 챕터북을 어느 정도 아는 분들에게도 종합 레벨표는 유용한 학습 자료가 되어줄 것입니다.

단순히 읽기 지도만이 아니라 리더스, 챕터북을 영어 학습에 활용하는 방법도 담았습니다. 각 단계에서 반드시 짚고 넘어가야 하는 학습 요소는 무엇인지, 오디오 음원은 어떻게 활용해야 하는지, 시리즈 도서로 다독만이 아닌 정독을 하는 방법은 무엇인지 등 영어 지도법에 대해서도 안내합니다. 픽션 위주의 리더스, 챕터북 시리즈만큼이나 중요한 논픽션 시리즈들, 영어 수준에 비해 인지 수준이 높은 우리 아이들에게 꼭 맞는 영어 원서인 그래픽 노블도 각각 한 챕터를 할애하여 정리했습니다.

책을 쓰다 보니 리더스와 챕터북을 각각 다른 한 권에 담아야 하는 것이 아닌가 싶을 만큼 다루고 싶은 내용이 많아, 어떤 책을 빼야 할지를 두고 고민을 많이 했습니다. 이 책에 소개한 80여 개의 시리즈 도서는 요즘 아이들이 좋아하는 책인지, 특히 리더스의 경우엔 신간이 활발히 나오는 책인지를 고려해 선정했습니다. 그리고 교육 현장에서 활용하기 쉬운 책인지도 살펴보았습니다.

온라인 학습이나 리딩 교재에 관한 부분도 지면의 한계로 따로 다루지 못해 아쉬운 마음이 큽니다. 하지만 온 힘을 다해 리더스와 챕터북에 관해 한 권에 담을 수 있는 최대치를 담았으니 부디 이 책을 읽는 분들에게 많은 도움이 되기를 바랍니다.

정보를 기반으로 한 책이라 감수하기 까다로웠을 텐데 든든하게 편집과 교정을 진행해준 라이프앤페이지에 감사의 마음을 전합니다.

정정혜

차례

CHAPTER 1. 읽기 연습의 시작, 리더스 시리즈

PART 1. 재미있게 시작하는 첫 리더스

CHAPTER 2. 독서가의 탄생, 챕터북 시리즈

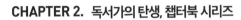

CHAPTER 3. 세상을 읽는 힘, 논픽션 시리즈

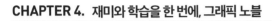

CHAPTER 4. 재미와 학습을 한 번에, 그래픽 노블

파닉스를 뗀 아이,
이제 뭘 해야 하죠?

아이가 파닉스를 배우고, 서서히 더듬더듬 글을 읽기 시작하면 이를 지켜보는 부모는 뿌듯한 마음이 듭니다. 새로운 글자를 배우고 익히는 아이들의 모습은 언제나 경이로운 광경이 아닐 수 없지요. 하지만 보람을 느끼는 것도 잠시, 한편으론 부모의 마음이 분주해지기 시작합니다. 사각사각 열심히 책을 먹어 치우는 아이에게 매일 새롭고 재미있는 책을 찾아서 넣어줘야 하니까요. 또한, 한 차원 높아진 영어 학습 수준에 엄마표 영어가 점점 자신 없어지는 시기이기도 합니다.

엄마 주도의 학습에서 아이 주도로 넘어가는 바로 이 시기, '엄마표 영어의 갈림길'이라고도 볼 수 있는 이 시기를 영어 학습 이론에서는 '유도적 읽기 단계'라고 합니다. 영어 리터러시 분야에서 가장 광범위하게 사용되는 이론인 '균형 잡힌 문해법' 이론에 따르면, 아이가 영어라는 언어에 익숙해질 수 있도록 소리 내어 책을 읽어주는 '리드 어라우드 단계'(1단계), 파닉스를 배우며 본격적으로 영어 학습에 들어가는 '함께 읽기 단계'(2단계)를 지나서, 책의 난이도를 조금씩 높여가며 혼자서 읽을 수 있도록 유도하는 '유도적 읽기 단계'(3단계)를 거친 후 완벽한 '독립 읽기'(4단계)에 들어갈 수 있다고 봅니다. 영어가 모국어인 아이들을 기준으로 할 때, 초등 저학년이 바로 유도적 읽기 단계에 해당됩니다.

| 영어 읽기 단계 |

더듬더듬 혼자 읽기 시작할 때
흔히 일으키는 실수

유도적 읽기 단계에 들어서면 아이가 혼자서 책을 읽기 시작하므로 '이제는 됐구나' 싶은 마음에 아이를 방치하기가 쉽습니다. 아이가 한글을 읽기 시작하면 '이제는 책을 안 읽어줘도 되겠구나' 하는 마음이 드는 것과 마찬가지로 말이지요.

하지만 모국어와 외국어의 차이는 산보다 높고 바다보다 깊답니다.

시간이 지나도 아이가 읽는 책의 수준에 변화가 없고, 엄마가 단계를 높여서 책을 골라주면 별로 재미없어 하고, 스스로 책을 골라서 읽는 일이 점점 줄어들면서 점차 영어에 흥미를 잃기도 합니다. 이는 아직 유도적 읽기 단계에 있는 아이를 독립 읽기 단계에 있는 아이처럼 취급할 때 벌어지는 일입니다.

반대로 이 시기의 아이들 중에는 읽고 있는 영어책의 수준이 서서히 올라가고, 특별히 좋아하는 주인공이나 작가가 있어서 스스로 책을 골라 읽는 아이도 있습니다.

이처럼 중요한 과도기인 만큼 유도적 읽기 단계의 특성을 잘 파악하고, 내 아이가 어디쯤 와 있는지, 이 단계에서 부모가 무엇을 도와주어야 할지 꼼꼼하게 살피는 노력이 필요합니다. 이는 가정에서 부모가 직접 아이를 지도할 때는 물론이고, 아이가 학원을 다니고 있는 경우에도 마찬가지입니다.

유도적 읽기 단계의 초기에는 문장 구조가 단순하면서 사이트워드와 파닉스 규칙을 안다면 쉽게 읽을 수 있는 어휘들이 주로 나오는 책을 고르는 것이 좋습니다. 또한 책 전체의 길이가 짧고 문장이나 절이 일정 패턴 안에서 반복되는 책이 적합합니다. 모두 이제 막 읽기를 시작한 아이에게 자신감을 높여주는 책이지요. 그래서 어휘나 문장 구조의 난이도에 따라 단계가 나누어져 있는 리더스로 시작하는 것이 가장 이상적입니다. 리더스에 이어 얼리 챕터북, 챕터북을 거치며 엄마표 영어의 최종 목표인 독립 읽기 단계로 나아가게 됩니다.

독립 읽기로 가는 마지막 관문, 유도적 읽기

아이들을 가르치면서, 새로운 어휘를 익히고 파닉스 규칙을 배워 영단어를 읽는 등 영어 실력이 늘어가는 것이 눈에 보이던 이전 단계와 달리 유도적 읽기 단계에서는 영어 실력이 느는 것이 느껴지지 않아 초조해하는 부모들을 많이 만납니다. 아이가 몇 년째 쉬운 책만 읽으려고 하는데 어떻게 해야 하냐는 질문도 많이 받지요. 시중에 나와 있는 리딩 교재를 풀면 영어 수준이 늘까 싶어서 순서대로 열심히 풀게 했지만, 내용만 점점 어려워지고 아이의 실력 향상에는 큰 도움이 되는 것 같지 않아 고민하기도 합니다.

세계적인 언어학자 폴 네이션(Paul Nation) 교수는 '입력', '출력', '언어 학습', '유창성 연습'의 네 가지 요소를 똑같은 비중으로 두고 언어

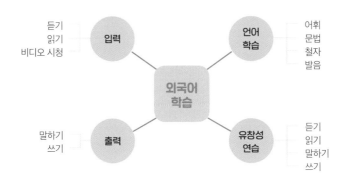

| 폴 네이션의 Four Strands 이론 |

를 배우는 것이 가장 효과적인 외국어 학습 방법이라고 말했습니다. 다시 말해, 외국어를 배우기 위해서는 읽기, 듣기, 비니오 시청 등을 동한 '입력'과 말하기, 쓰기를 통한 '출력'이 함께 일어나야 합니다.

그런데 한국에서는 단어를 외우고 문법을 배우고 리딩 교재를 푸는 등 전통적인 언어 학습 방식으로 영어를 배우는 경우가 많습니다. 이런 '언어 학습'은 전체적인 영어 실력의 향상보다는 좁고 깊게 공부하는 데 초점을 맞추게 되지요. 이런 학습 방식의 한계는 이미 부모 세대들이 중·고등학교 때 경험한 것이기도 합니다.

이 시기에는 언어 학습에만 초점을 맞추지 않고, 다양한 책을 접하는 다독을 통해 입력의 양을 늘리고, '읽기의 유창성'을 키우는 것이 중요합니다. 읽기의 유창성이란 글을 빠르고 정확하게 읽는 것을 말합니다. 어떤 부분에서 끊어 읽고 쉬어 읽어야 하는지 알고, 힘들이지 않고 리듬감 있게 읽는 것을 뜻하지요.

여기에 오디오와 비디오를 통한 듣기 입력도 함께 이루어져야 합니다. 이렇게 충분한 양의 입력이 들어갈 때 자연스럽게 나오는 출력을 잘 이끌어주는 것, 이 모두를 유창하게 할 수 있도록 도와주는 것이 유도적 읽기 단계 성공의 지름길입니다. 이를 바탕으로 아이가 독립 읽기에 들어가면, 이제는 아이 스스로 읽으면서 그 자체로 영어 실력이 쭉쭉 늘어나는 선순환에 들어서게 됩니다.

영어 학습의 중요한 키워드, 어휘지식

우리가 늘 염두에 두어야 하는 것은 한글을 떼고 책 읽기를 시작하는 것과 파닉스를 배우고 영어책 읽기를 시작하는 것 사이에는 매우 큰 간극이 있다는 사실입니다. 우리 아이들이 한글을 읽게 되는 과정을 생각해봅시다. 아이들은 태어나면서부터 매일매일 엄청난 양의 우리말을 접합니다. 그렇게 한국어라는 언어의 구조를 자연스럽게 체득하고 방대한 양의 어휘력으로 무장한 다음, 한글 읽기에 들어가지요. 그리고 책 읽기를 통해 새로운 어휘와 다양한 분야의 지식을 얻어나갑니다.

하지만 외국어인 영어 학습의 경우, 영어의 파닉스 규칙을 배운 후 영어책을 읽기 시작하는 아이들이 독서를 통해 저절로 지식이 축적되는 선순환에 들어서기까지는 엄청난 시간과 노력이 필요합니다. 아이의 머릿속에는 '영어'라는 언어에 대한 기본 지식은 거의 없다시피 하고, 소리와 철자 간의 규칙에 대한 지식만 존재하기 때문이지요.

세계적인 언어학자 스티븐 크라센(Stephen Krashen) 역시 "언어 학습에 있어, 이해 가능한 언어의 입력이 많을수록 언어 습득이 촉진된다"고 했습니다. 이해 가능한 언어 입력에서 절대적인 비중을 차지하는 어휘력, 또는 어휘지식을 키우는 것이야말로 영어 학습에 있어서 매우 중요합니다.

어휘지식을 키우기 위해서는 새로운 어휘를 자주 만나야 합니다. 어떤 단어를 한 번만 보는 게 아니라 여러 문장에서 만나 서서히 퍼즐을 맞추듯 그 의미를 알게 될 때 그 단어는 내가 사용할 수 있는 단어가 됩니다. 그리고 이런 어휘지식이 어느 정도 갖춰졌을 때 비로소 읽기의 단계가 자연스럽게 높아집니다.

영어를 자유롭게 사용하기 위해 알아야 할 어휘량

영어가 모국어가 아닌 사람이 영어를 자유롭게 사용하려면 어느 정도의 어휘지식이 필요할까요? 어휘지식을 좀 더 정확한 수준으로 가늠해보려면 워드 패밀리(Word Family)라는 개념을 이해하는 것이 도움이 됩니다. 워드 패밀리란 한 어휘가 대표하는 그룹, 즉 어휘군을 말합니다. 예를 들어, act라는 워드 패밀리 안에는 acted, acting, action, actionable, actioned, actioning, actions, actor, actors, actress, actresses,

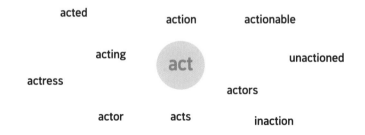

acts, inaction, unactioned 등 파생어들이 모두 포함되어 있습니다. 즉, 1,000워드 패밀리는 1,000단어보다 훨씬 더 범위가 넓지요.

폴 네이션 교수에 따르면 9,000워드 패밀리를 알면 영어로 쓰인 신문과 소설을 이해할 수 있으며, 대학 1학년생의 40퍼센트 이상은 1만 2,000워드 패밀리를 알고 있고, 대학 졸업생은 평균 2만 워드 패밀리를 알고 있다고 합니다. 그래서 외국어 학습자는 1만 2,000워드 패밀리를 목표로 영어 학습을 진행하도록 권하고 있습니다.

목표 어휘가 1만 2,000단어도 아닌 1만 2,000워드 패밀리라니! 영어 공부를 시작하기도 전에 기운이 빠질 수도 있겠습니다.

10단어씩 쪼개놓은 2만 워드 패밀리까지의 어휘 목록을 볼 수 있는 사이트를 소개합니다. vocabulary.one 사이트에서는 간단하게 어휘 수준 테스트도 할 수 있습니다.

그렇다면 아이들은 어떨까요? 영어가 모국어인 아이들 중 읽기 학습에 들어가기는 만 5세 이이들의 경우, 사용 가능한 어휘 수준이 4,000~5,000워드 패밀리라고 합니다. 다시 말해, 5,000워드 패밀리를 알고 있는 상태에서 시작한다 해도 꾸준히 읽기 연습을 해야 한다는 것이지요.

여기서 '사용 가능한 어휘 수준'이라는 말은 아이가 그 정도 어휘를 이해한다는 뜻이지 자유자재로 사용한다는 뜻은 아니랍니다. 참고로, 언어학자 롭 웨어링(Rob Waring)은 말하기와 쓰기의 경우에는 사용 가능한 어휘 수준의 25퍼센트를 활용할 수 있다고 합니다. 이처럼 아이의 영어 독립을 위해서는 갈 길이 멉니다. 가장 먼저 조급한 마음부터 내려놓는 것이 좋겠지요?

그래도 다행인 점은, 아동 문학(Middle Grade Novel)으로 글감을 한정했을 때 2,000워드 패밀리를 알면 텍스트의 90퍼센트를 이해할 수 있고 3,000워드 패밀리를 알면 다독이 가능한 수준이 된다고 합니다. 그러니 우선 작은 목표부터 세우고 차근차근 어휘지식을 늘려가면 좋겠습니다.

3,000워드 패밀리 수준의 리더스로는 Cambridge English Readers, Oxford Bookworms Library, Penguin Readers의 Level 7과 Macmillan Readers의 Level 6가 있습니다. 단행본 중에는 로알드 달의 『The Magic Finger』가 2,000워드 패밀리에 해당합니다(이 책을 제외한 대부분의 로알드 달의 책은 6,000워드 패밀리 이상 수준입니다). 참고로, Harry Potter는 6,000~9,000워드 패밀리 수준입니다.

필수 어휘를 익히는
가장 쉽고 빠른 방법

유도적 읽기 단계에 있는 아이들은 필수 어휘 익히기를 첫 번째 목표로 세워야 할 것입니다. 필수 어휘를 익히는 가장 쉽고 빠른 방법은 다음과 같습니다.

첫째, 어린이책에 빈번하게 나오는 어휘인 사이트워드 315개를 보는 순간 바로 읽을 수 있도록 익힙니다.

둘째, 500~1,000단어 사이의 영어 그림 사전을 적극적으로 활용합니다. 어휘는 문장 안에서 의미가 제대로 살아나는 조동사, 전치사, 접속사 등의 기능어와 그 자체로 의미를 지닌 내용어로 구분할 수 있습니다. 기능어는 315개의 사이트워드에 거의 포함되어 있습니다. 문제는 내용어인데 어떤 어휘는 다양한 뜻을 지니고 있어 문장 안에서 의미를 익히는 것이 좋고, 어떤 어휘는 그림 사전만으로 충분합니다. table,

| 영어 그림 사전 |

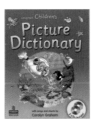 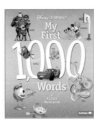 

Longman Children's
Picture Dictionary
(800단어)

My First 1,000 Words
(1,000단어)

Oxford Picture
Dictionary Content
Areas for Kids
(1,000단어)

1000
Basic English
Words 1

Vocabulary
Workshop Level
Purple

Wordly Wise
3000
Student Book 2

1200
Key English
Words

4000
Essential
English Words

tiger, green, train처럼 말이지요. 이런 어휘들은 어떤 문장에 가도 그 의미가 같고, 기초적인 어휘라 익혀두면 읽기는 물론 듣기와 비디오 시청 등에도 큰 도움이 됩니다.

셋째, 아이가 그림 사전 속 기본 어휘를 다 익혔다면, 다양한 어휘 교재를 풀어보아도 좋습니다. 『1000 Basic English Words 1』, 『Vocabulary Workshop Level Purple』, 『Wordly Wise 3000: Student Book 2』 모두 초등학생이 하기 적합한 아주 뛰어난 교재들입니다. 그리고 폴 네이션 교수가 선정한 어휘로 이루어진 1200 Key English Words 시리즈와 4000 Essential English Words 시리즈도 강력 추천합니다.

315개의 사이트워드는 여기에서 확인하세요. 단계별 목록과 카드 형태의 출력도 가능합니다.(프라이 박사의 고빈도 구 포함)

유도적 읽기 단계의
다독과 정독

유도적 읽기에 들어선 아이가 자연스럽게 어휘를 습득하고 영어 실력을 향상시키려면 '정독, 학습을 통한 직접적 어휘 습득'과 '다독을 통한 간접적 어휘 습득'이 함께 병행되어야 합니다.

정독(Intensive Reading)은 제시된 글을 여러 번에 걸쳐 꼼꼼하게 읽고 내용 파악, 주요 어휘 학습, 쓰기 등의 본격적인 언어 학습을 읽기와 함께 진행하는 것입니다. 책과 워크북이 같이 있는 구성을 고르거나 짧은 글감을 읽고 문제를 푸는 리딩 교재를 활용하는 것이 좋습니다.

정독과 달리 다독(Extensive Reading)은 글의 내용을 이해하는 것에 초점을 두고 속도감 있게, 많이 읽는 것을 말합니다. 가장 효과적인 어휘 학습이라는 '우연적 어휘 학습(Accidental Vocabulary Learning)'이 가장 활발하게 일어나는 것도 다독을 통해서입니다. 우연적 어휘 학습이란 글을 읽으며 내용을 이해하는 과정에서 문맥을 통해 모르는 어휘의 의미를 습득하는 것을 말합니다. 학자에 따라 다르지만, 한 단어를 여러 문장에서 최소 6번에서 20번은 만나야 그 단어를 내 것으로 만들 수 있다고 하지요. 우연적 어휘 학습에 대해서는 뒤에서 좀 더 자세히 다루겠습니다.

외국어 학습자를 위한 다독의 10가지 원칙

다독에 관해서는, 외국어 학습자를 위해 리처드 데이(Richard R. Day)와 줄리언 뱀포드(Julian Bamford)가 정리한 다독의 10가지 원칙을 소개합니다.

① 읽는 자료가 쉬워야 한다

모르는 어휘가 하나도 없는 책을 아이가 읽을 때, 부모의 마음은 급해집니다. '어서 다음 단계로 넘어가야 하는데…' 싶거든요. 하지만 다독은 아이의 수준과 같거나 낮은 책으로 해야 효과적입니다. 아이의 수준에 맞는 책이란 한 페이지에서 모르는 어휘가 1개 혹은 2개 정도 있는 경우를 말하는데, 보다 정확하게는 전체 어휘의 98퍼센트 이상을 알고 있을 때를 기준으로 합니다.

② 다양한 읽기 자료를 활용해야 한다

다독의 성공 여부는 당연하게도 아이가 얼마나 읽기에 빠져드는지에 달려 있습니다. 책, 잡지, 신문, 픽션, 논픽션, 정보가 담겨 있는 읽을거리, 재미 위주의 읽을거리 등 다양한 읽기 자료를 활용할 것을 권합니다. 이런 읽기 자료들을 쭉 훑어보기도 하고 세세하게 들여다보기도 하면서 내용 이해 스킬을 자연스럽게 사용하도록 유도합니다. 이는 다양한 주제의 어휘를 접하게 하는 효과도 불러오지요.

③ 학습자가 읽고 싶은 텍스트를 고른다

우리 부모들이 가장 어려워하는 부분이기도 합니다. 읽고 싶은 것을 읽고, 흥미가 없거나 어려운 것은 내려놓을 수 있는 자유를 주는 것이야말로 아이가 더 길게, 더 깊이 다독의 세계로 들어갈 수 있도록 인도하는 가장 중요한 요소입니다.

④ 최대한 많이 읽는다

다독의 가장 기본적인 원칙이기도 합니다. '많이 읽을수록 좋다'는 대원칙을 기억하세요.

⑤ 읽기의 목적은 즐거움, 정보 습득, 내용 이해에 있다

외국어 학습에서 다독의 목적은 사실상 모국어의 일반적 읽기와 같습니다. 수업시간에 학습을 목적으로 읽는 것과는 달리 읽는 목적이 재미일 수도, 특정 정보를 얻기 위해서일 수도 있습니다. 무엇인가를 이해하기 위해서, 혹은 단지 시간을 보내기 위해서 읽을 수도 있겠지요.

⑥ 읽기 그 자체가 즐거움이 된다

다독에서는 무언가를 읽었다는 것만으로 충분합니다. 책의 내용을 이해하고 즐겼으면 그 자체로 완벽하다는 것이지요. 굳이 잘 읽었나 확인하거나 내용에 대해 질문할 필요는 없습니다. 다독에 정독의 요소를 가볍게 넣고 싶다면 책의 내용을 정리하는 활동을 해보아도 좋습니다. 독서 노트에 내용을 요약하거나 등장인물에 대한 평을 쓰거나 좋아하는 부분을 적는 활동은 내용 이해의 폭을 넓힐 수 있지요.

⑦ 일정 수준의 읽기 속도를 유지해야 한다

다독의 읽기 속도는 일반적으로 1분에 150단어 이상을 기준으로 합니다. 유창하게 책을 읽을 때의 속도는 1분에 250단어이고, 빠르게 읽는다면 1분에 300단어까지 읽을 수 있습니다.

⑧ 읽기는 혼자서 조용히 한다

다독은 아이가 원하는 시간에, 원하는 장소에서, 원하는 책으로 조용히 읽을 때 이루어집니다.

⑨ 교사(혹은 부모)는 읽을 수 있는 상황과 방향을 제시한다

교사나 부모는 아이에게 다독의 장점에 대해 설명해줄 수 있습니다. 또는 책을 고르는 것을 돕거나 꼭 필요한 배경지식을 알려줄 수도 있습니다. 테스트 등 부담스러운 읽기 후 학습이 없고 원하는 대로 읽을 수 있다는 것도 알려주면 좋겠지요. 어렵거나 흥미가 없으면 책을 내려놓아도 된다는 것도 알려줍니다.

⑩ 교사(혹은 부모)는 하나의 롤모델이 된다

교육학자 크리스틴 너텔(Christine Nuttall)은 이렇게 말했습니다. "Reading is caught, not taught.(진정한 독서는 가르침이 아닌 일상에서 이루어진다.)" 아이에게 독서의 중요성에 대해 가르치려고만 하지 말고 실제로 읽는 모습을 보여주라는 말이지요. 전체 어휘의 2퍼센트를 모른다는 것이 어떤 느낌인지, 1분에 150단어로 읽는 것이 어느 정도의 속도인지 부모가 먼저 읽으면서 느껴볼 것을 권합니다. 내가 영어책으로 다독을 한다면 어떤 책을 읽을지 고민해보고 실제로 책을 읽는 자세를 보여줘도 좋겠습니다. 이렇게 책을 읽는 습관이 자연스럽게 집 안에 스미도록 노력하는 것이야말로 가장 중요합니다.

영어책을 하루에 몇 권 읽어야 영어가 늘까요?

제가 부모들에게 가장 많이 받는 질문 중 하나는 "영어책을 하루에 몇 권 읽히면 될까요?"입니다. 여기 '하루 몇 권'으로 외국어 학습의 끝을 볼 수 있는지에 관한 연구가 있습니다. 폴 네이션 교수는 "다독으로만 영어 학습을 하고, 글감 속 어휘의 98퍼센트를 알고 있으며, 분당 150단어 속도로 유창하게 책을 읽을 때"라는 전제로, 다음과 같은 분석 결과를 내놓았습니다.

| 독서 시간과 어휘 학습 |

어휘수	학습 시간
2,000워드 패밀리	주당 33분 (하루 7분)
3,000워드 패밀리	주당 50분 (하루 10분)
4,000워드 패밀리	주당 1시간 23분 (하루 17분)
5,000워드 패밀리	주당 2시간 47분 (하루 33분)
6,000워드 패밀리	주당 4시간 10분 (하루 50분)
7,000워드 패밀리	주당 5시간 33분 (하루 1시간 7분)
8,000워드 패밀리	주당 6시간 57분 (하루 1시간 23분)
9,000워드 패밀리	주당 8시간 20분 (하루 1시간 40분)

즉, 2,000워드 패밀리 수준의 학습자가 주5일, 매일 7분씩 독서를 하면 1년 후에 3,000워드 패밀리 수준이 되고, 또 5,000워드 패밀리 수준의 학습자가 주5일, 매일 33분씩 독서를 하면 1년 후에 6,000워드 패밀리 수준에 이른다는 것이지요.

하지만 이는 어휘 습득에 초점을 둔 산술적인 모형이니 참고만 하시기 바랍니다. 읽기만 하고 말하기나 쓰기, 듣기 등을 전혀 하지 않는다면 실제로는 영어를 구현하는 데에 상당한 제약이 있을 테니까요.

리더스와 챕터북이 꼭 필요한
결정적 이유

　다독을 해야 하는 아이에게 어떤 책을 골라주어야 할지 고민될 때, 리더스와 챕터북은 부모들에게 큰 위안이 됩니다. 영어 그림책의 경우 부모가 읽어줄 때는 재미있지만 아이가 스스로 읽을 때는 글의 난이도를 짐작하기 어려운 점이 있습니다. 그림책 『Llama Llama Red Pajama』의 아마존 추천 연령은 만 1~3세인데, 렉사일 지수는 AD420L(AR 2.0)입니다. 즉, 부모는 돌쟁이에게도 이 책을 읽어줄 수 있지만, 아이가 스스로 읽으려면 부모나 교사의 도움을 받아도 초등 2학년 수준이라는 뜻이지요.

　그래서 그림책처럼 재미있고 작품성이 뛰어난 글감을 수준별로 읽고 싶을 때는 그림책을 난이도에 따라 단계별로 분류해놓은 리더스의 도움을 받는 것이 좋습니다. Step into Reading이나 I Can Read, World

The Watermelon　　　The Very Busy　　　My Dad
Seed, Good Night　　　Spider
Owl(합본)

of Reading 등의 리더스에는 영어 그림책들이 원서 그대로 판형만 달리해서 출간되어 있습니다. Ladybird Readers처럼 좀 더 쉽게 바꿔서 출간한 경우도 있지요. 멋진 작품을 아이의 수준에 맞게 합리적인 가격으로 골라줄 수 있다는 것이 리더스의 가장 큰 장점입니다.

그림책이나 영상으로 널리 사랑받은 캐릭터가 리더스 시리즈로 재탄생하기도 합니다. 피트 더 캣(Pete the Cat), 팬시 낸시(Fancy Nancy), 피터 래빗(Peter Rabbit), 페파 피그(Peppa Pig)처럼 말이지요. 다만, 같은 캐릭터가 등장하더라도 영어 그림책과 리더스의 난이도는 완전히 다릅니다. 일반적으로 리더스가 훨씬 쉽습니다. 부모가 읽어주는 그림책보다 아이가 혼자서 읽는 리더스가 더 쉬워야 하니까요.

챕터북 시리즈는 비슷한 표현과 어휘가 반복적으로 나와 어휘 습득에 큰 도움이 되는 장점이 있습니다. 그리고 시리즈로 계속 이어지다 보니 깊이 있는 스토리 전개가 가능해서, 어른이 읽어도 빠져드는 독특한 세계관을 가진 작품들이 많습니다. 영화로 제작되거나 그래픽 노블

Horrid Henry's Sleepover(리더스) Paddington's Day Off(리더스) Magic Tree House, Dinosaurs Before Dark(그래픽 노블)

로 재출시되는 경우도 많아 다양한 형태로 챕터북을 즐길 수 있답니다. 챕터북의 매력적인 캐릭터를 좀 더 일찍 만나고 싶은 어린 독자들을 위해 리더스 버전으로 나오기도 하니 아이의 읽기 수준이 낮다면 리디스로 먼저 챕터북 맛보기를 시작해도 좋습니다.

가장 완벽한 어휘 학습, 우연적 어휘 학습

효과적인 어휘 학습 방법은 다양합니다. 모국어의 도움을 직접적으로 받는 방법, 영영사전식 뜻풀이, 그림 사전을 활용한 학습, 온라인 학습 프로그램 활용, 반대말이나 동의어, 어원, 접두사나 접미사 등 연관된 어휘를 모아서 한꺼번에 학습하는 방법 등이 있고, 모두 그 효과가 어느 정도 입증되었지요.

이렇게 다양한 어휘 학습 방법 중에서도 가장 완벽한 방법은 무엇일까요? 많은 학자들은 "하나의 어휘를 다양한 문장에서 여러 번 만나 모호함 속에서 그 의미를 천천히 완성해나갔을 때"라고 합니다. 글을 읽으면서 모르는 어휘가 나올 때마다 이런 뜻이 아닐까 짐작하고 넘어가기를 반복하다 보면, 어느새 그 어휘는 의미의 형태를 갖추게 됩니다. 이를 '우연적 어휘 학습'이라고 합니다. 물론 desk, rain, grass처럼 그 의미가 어느 문장에서건 똑같은 단어는 한글로 해석해주는 편이 좋습니다. 하지만 tough나 wild처럼 한글로 해석하는 것이 곤란하거나, 한글 해석이 오히려 영어 학습에 방해가 되는 경우에는 문장 안에서 새로운 어휘의 의미를 추측하고 넘어가는 과정을 거치며 익히는 것이 효과적입니다.

우연적 어휘 학습에 최적화된 리더스 챕터북

시리즈로 이루어진 리더스나 챕터북은 바로 이 '우연적 어휘 학습'에 최적화되어 있습니다. 한 작가가 한 가지 주제로 펴낸 시리즈를 10권 읽는 것이 각기 다른 작가의 단행본을 여러 편 읽는 것보다 반복되는 어휘를 접할 기회가 훨씬 많을 것입니다.

예를 들어, 『Judy Moody Was in a Mood』라는 책을 읽다 보면 cracked라는 어휘가 최소 5번은 나옵니다. 여기서 이 단어의 의미는 '금이 간'이 아니라 'crack a smile', 즉 '씩 웃다'라는 뜻입니다. 입을 활짝 벌리고 크게 웃는 것이 아니라 얼굴에 금이 가듯이 슬쩍 웃는 것을 말하는 관용어구입니다. 다양한 상황에서 이 어휘를 5번쯤 만나고 나면 가랑비에 옷 젖듯이 그 의미가 머릿속에 스며듭니다. 그런데 이 표현은 1편에서만 나오는 것이 아니라 2편인 『Judy Moody Gets Famous!』에도 나온답니다.

만약 이 단어를 띄엄띄엄 한 번씩 만나게 된다고 생각해보세요. 알듯하면 사라지고, 기억할 만하면 까먹어버릴 것입니다. 그런 의미에서 같은 어휘들이 반복되는 경우가 많은 시리즈 도서는 아주 유용한 어휘 학습 도구가 됩니다.

이렇게 같은 주제의 책을 읽거나 같은 작가의 책을 읽어 큰 틀 안에서 어휘가 반복되는 읽기를 '내로우 리딩(Narrow Reading)'이라고 합니다. 리더스와 챕터북 읽기에 한정하지 말고 어휘 학습 전체에서 내로우 리딩의 의미와 효과를 잘 이해하고 적용할 것을 추천합니다.

우리 아이 영어 수준에
딱 맞는 책을 고르려면

아이가 스스로 책을 읽기 시작하면서 아이의 수준에 맞는 책을 선택하는 것에 대한 중요성은 더 커집니다. 우선 보편적으로 사용되는 파이브 핑거 룰(Five Finger Rule)에 대해 이야기하겠습니다. 한 페이지에서 모르는 단어가 1개 이하면 너무 쉬운 책이고, 1~2개면 꼭 맞는 책, 3~4개면 도전해볼 만하고, 5개 이상이라면 너무 어렵다는 뜻입니다. 직관적으로 바로 이해가 되지요?

하지만 이 파이브 핑거 룰에는 허점이 있습니다. 한 페이지에 몇 개의 어휘가 들어 있는지, 전체 책의 길이나 어휘 수준, 문장의 문법적 구조, 그림의 도움 여부 등 내용 이해에 영향을 미치는 수많은 정보를 전혀 고려하지 않았기 때문입니다. 또한 모르는 어휘가 하나도 없거나 거의 없어도 내용 이해가 안 되는 경험을 해본 적 있는 외국어 학습자라면 '너무 쉬운 책'이라는 표현에 고개를 갸우뚱거릴 것입니다. 그러므로 책의 수준이 높아질수록, 조금 더 정확하고 객관적인 기준을 가진 독서능력 지수를 알아둘 필요가 있습니다.

가장 보편적인 독서능력 지수, 렉사일 지수

가장 많이 쓰이는 독서능력 지수로는 렉사일 지수, AR 지수, GRL 지수 등이 있습니다. 렉사일 지수(Lexile Level)는 미국에서 가장 보편적으로 쓰이는 독서능력 지수로, 미국 메타메트릭스 사에서 개발했으며 독자의 읽기 수준(Lexile Reader Measure)과 책의 난이도(Lexile Text Measure)를 지수화했습니다.

렉사일 지수는 AR 지수와 호환이 되며, 학년을 기준으로 표시된 AR 지수와 달리 숫자 5 단위로 움직입니다. 학교와 직장에서 요구되는 일반적인 영어 수준이 1355L이라는 것을 알고 기준으로 삼으면 편리합니다. 또한 8개의 렉사일 코드로 책을 구분해서, 직접 읽기 전이라도 렉사일 지수만으로 많은 정보를 얻을 수 있습니다.

렉사일 공식 홈페이지에서 읽기 수준과 관련된 다양한 정보를 제공합니다. www.Lexile.com

코드		의미
AD	Adult Directed	아이 혼자 읽는 것보다 부모 혹은 교사와 같이 읽는 것을 권장
NC	Non-Conforming	읽기 수준이 높은 어린 연령의 학습자에게 적합
HL	High-Low	읽기 수준은 높지 않지만, 연령은 높은 학습자에게 적합 RL(Reading Level)과 IL(Interest Level)에 차이가 있는 경우, 즉 책을 읽기 싫어하는 청소년이나 인지 수준이 높은 외국어 학습자에게 적합
IG	Illustrated Guide	래퍼런스가 같이 있는 경우가 많은 논픽션
GN	Graphic Novel	그래픽 노블
BR	Beginning Reader	렉사일 지수 0L이하인 책
NP	Non-Prose	시, 연극, 노래, 조리법 등을 다룬 책

미국 표준 학령을 기준으로 한
AR 지수

AR 지수(ATOS Book Level)는 미국의 르네상스 출판사에서 제공하는 독서능력 지수로 어휘의 난이도를 기준으로 1부터 12까지 12단계로 구분됩니다. 각 단계는 한 학년에 해당되는데 다시 10개의 작은 단위로 나누어집니다. 예를 들어, 1학년은 1.0부터 1.9까지 10개의 단계로 표

AR 지수를 조금 더 적극적으로 활용하려면 르네상스 출판사 홈페이지에서 책을 검색해보아도 좋습니다. www.arbookfind.com

현됩니다. AR 2.0은 2학년 초반 수준, AR 2.9는 2학년 학기 말 수준이라는 뜻이지요. 르네상스 출판사 홈페이지에서 글의 난이도를 알려주는 AR 지수는 물론, 적합한 연령대를 알려주는 IL 지수까지 알아볼 수 있습니다.

시리즈물에 유용한 독서능력 지수, GRL 지수

렉사일 지수나 AR 지수가 세세하고 정확하기는 하지만 유도적 읽기 단계나 ㄱ 이후 독립 읽기 단계에 있는 수많은 시리즈 도서를 표현하기에는 불편한 점이 많습니다. '이 시리즈는 이 단계다'라고 간단하게 말하고 싶은데 그렇게 할 수 없기 때문이지요. 사실 다독에서는 AR 지수 2.2를 읽는 아이라면 AR 지수 2.0이나 2.4도 읽을 수 있습니다.

그래서 보다 범위를 넓게 잡은 독서능력 지수가 유용해지는데 그것이 바로 폰타스와 핀넬(Fountas & Pinnell)이 개발한 GRL 지수(Guided Reading Level)입니다. GRL 지수는 초등 전학년을 알파벳 A부터 Z까지, 26단계로 나누었습니다.

유럽연합 공통언어 표준등급 지수,
CEFR 지수

지금까지 미국에서 널리 사용되는 독서능력 지수인 렉사일, AR, GRL에 대해 이야기했습니다. 그런데 우리는 영국 등 다른 영어권에서 출간된 책도 많이 사용합니다. 유럽의 많은 공공교육기관과 사교육기관에서 광범위하게 사용되는 언어능력 지수인 CEFR(Common European Framework of Reference for Languages, 유럽연합 공통언어 표준등급 지수)에 대해서도 알아둘 필요가 있습니다.

| CEFR 지수별 언어능력 수준 |

지수		언어능력 수준
A1	Beginner	일상의 간단한 표현을 이해하고 기본적인 표현을 사용할 수 있다.
A2	Elementary	일상의 기본 표현을 이해하고 간단한 회화가 가능하다.
B1	Intermediate	익숙한 주제를 이해하고, 의사표현을 할 수 있다.
B2	Upper Intermediate	사회생활의 전반적 화제를 이해하고, 자연스럽게 표현할 수 있다.
C1	Advanced	복잡한 화제를 이해하고, 명료하고 논리적으로 표현할 수 있다.
C2	Proficiency	모든 화제를 이해하고, 세세한 의미의 차이도 표현해낼 수 있다.

독서능력 지수
종합 비교표

지금까지 나온 4개의 언어능력 및 독서능력 지수를 비교하면 다음과 같습니다. 렉사일 지수와 초등 학년, 렉사일 지수와 CEFR 지수 연관표는 모두 렉사일 지수를 만든 메타메트릭스 사가 제공하는 자료에 기반하고 있습니다. 주의할 점은, 이 레벨표는 편의상 정리한 것으로 절대적이지 않다는 사실입니다. 예를 들어, 데이브 필키의 그래픽 노블 Dog Man의 경우 AR 2.6, 렉사일 GN390L이고, GRL 지수는 P입니다. AR 지수나 렉사일 지수로는 초등 2학년 수준인데, GRL 지수로는 초등 3학년 수준이지요. 이렇게 책에 따라 딱 맞게 떨어지지 않는 경우가 많다는 점을 유의하시기 바랍니다.

| 독서능력 지수 비교표 |

학년	AR	GRL	렉사일		CEFR
유치		A~D			
초등 1학년	1.0~1.9	E~J	BR120~295L	230L~340L	A1
초등 2학년	2.0~2.9	K~M	170L~545L		
초등 3학년	3.0~3.9	N~P	415L~760L	425L~715L	A2
초등 4학년	4.0~4.9	Q~S	635L~950L	588L~860L	B1
초등 5학년	5.0~5.9	T~V	770L~1080L	598L~993L	B2
초등 6학년	6.0~6.9	W~Y	866L~1175L	760L~1200L	C1

CHAPTER 1.

읽기 연습의 시작,
리더스 시리즈

무궁무진한
리더스의 세계

스스로 읽기에 들어서는 아이들에게는 쉽고 재미있으며 더 나아가 읽기에 자신감을 줄 수 있는 리더스가 필요합니다. 리더스는 기준에 따라 여러 가지로 구분할 수 있습니다. 리더스를 읽는 대상을 기준으로, 영어를 모국어로 사용하는 아이들을 위해 만들어진 경우와 영어를 제2언어(ESL, English as a Second Language)나 외국어(EFL, English as a Foreign Language)로 접하는 아이들을 위해 만들어진 경우로 나누어집니다. 또, 기존에 출간되었던 그림책을 출판사의 기준에 맞게 판형만 통일해서 출간한 경우와 출판사에서 어휘, 문장 구조, 문법 사항 등을 정해서 단계별로 난이도를 정확하게 조절해서 출간한 경우로 나누어지기도 합니다. 각 리더스의 특징을 알고 있으면 책을 선택하는 데 도움이 됩니다.

파닉스 학습과 같이 가는
파닉스 리더스

본격적으로 리더스를 읽기 전에 파닉스 학습과 함께하기에 좋은 기초 리더스를 살펴보겠습니다. 아이가 알파벳 사운드를 배우고 있다면 Reading Line Sound and Letter Kit(스콜라스틱)나 NIR(Now I'm Reading) Pre-Reader 단계(펭귄랜덤하우스)를 같이 읽어도 좋습니다.

파닉스 학습 2단계인 단모음 워드 패밀리를 배우고 있다면 Reading Line Phonics Kit와 NIR Level 1을, 파닉스 학습 3단계인 장모음 워드 패밀리를 배우고 있다면 NIR Level 2, 그 다음 단계인 이중자음과 이중모음을 배우고 있다면 NIR Level 3를 같이 읽을 것을 추천합니다. 두 리더스 모두 재미있고 알찬 내용은 물론이고 합리적인 가격까지 갖춘 최고의 책들입니다.

파닉스를 배우는 시기부터는 사이트워드도 꼭 익혀야 합니다. 시중에 사이트워드 리더스가 여럿 나와 있지만 저는 Sight Word Readers(스

| Now I'm Reading 시리즈 |

More Word Play   Animal Antics   Snack Attack
(Pre-Reader)   (Level 1)   (Level 2)

콜라스틱)를 제일 좋아합니다. 내용도 좋고 가격까지 합리적이기 때문이지요. 이외에 JFR(JY First Readers)(제이와이북스)도 유명한데 실사와 일러스트가 같이 나와 페이지 구성이 다채롭고 세이펜, 워크북이 더해져 활용도가 높습니다.

그 외에도 조이 카울리(Joy Cowley)의 파닉스 리더스인 Sunshine Readers(웅진컴퍼스), New Wishy Washy Readers(제이와이북스), Moo-O 시리즈(맥그로힐) 등도 파닉스 학습 단계에 있거나 파닉스 수업이 끝난 직후부터 읽기에 딱 좋습니다. Sunshine Readers와 New Wishy Washy Readers는 워크북과 CD가 포함되어 있고, Moo-O 시리즈는 온라인상에서 문제를 풀 수 있어 학습에도 직접적으로 도움이 되는 리더스들입니다.

외국어 학습자를 위한 리더스

현재 출간되어 있는 리더스들은 주로 영어가 모국어인 아이들을 위해 만들어진 리더스입니다. 이미 다 알고 있는 언어 표현을 문자로 만나, 읽기에 자신감을 키우고 자연스럽게 다독으로 나아가는 데에 도움을 주는 책이지요.

그런데 외국어 학습자인 우리 아이들에게는 이런 리더스가 어렵게 느껴지기도 합니다. 소리 내어 읽을 수는 있는데 읽은 후에 책의 내용

이 잘 이해되지 않거나 어려웠던 어휘들을 정리하고 넘어가면 더 도움이 될 것 같다는 생각이 들기도 합니다.

그렇다면 외국어 학습자를 위한 리더스는 어떨까요? 외국어 학습자를 위한 리더스로는 Ladybird Readers가 가장 대표적입니다. 현재시제부터 과거시제, 미래시제가 단계별로 나오고, 한 문장에 들어가는 절의 수도 천천히 늘어납니다. 문장 구조를 보면, 구문에서 시작해서 형용사가 더해지고, 그 다음 단계에서 부사가 더해집니다. 조동사, 접속사, 관계사절 등 문법적으로 어려운 표현들도 단계가 높아진 후에 나오니, 영어 문장이 익숙하지 않은 아이들도 어렵지 않게 내용을 파악할 수 있습니다.

외국어 학습자를 위한 리더스의 또 다른 장점은 글의 수준에 비해 담고 있는 내용의 수준은 그리 낮지 않다는 점입니다. 인지 수준은 높지만 영어 수준은 높지 않은 학습자에게 잘 맞다는 뜻이지요.

전래동화 리더스가
영어 학습에 효과적인 이유

전래동화는 구전으로 전해 내려온 옛날이야기지요. 그런데 이 전래동화가 영어 학습에 큰 도움이 된다는 것을 알고 계시나요? 골디락스와 곰 세 마리 이야기는 4살, 7살 아이 모두에게 해줄 수 있습니다. 듣는 사람이 누군지에 따라 단순하게도, 복잡하게도 만들 수 있기 때문이지요. 이는 다양한 수준의 전래동화 리더스가 출간되는 배경이기도 합니다. 대부분의 사람들이 글을 읽지 못하는 시대에 사람들 사이에서 구전으로 이어진 이야기라 추상적이거나 어려운 어휘가 아닌 직관적이고 쉬운 어휘를 사용한다는 점도 리더스의 특징과 잘 맞습니다.

또한 글이 아닌 말로 이야기를 전달했기에 중간중간 앞부분을 잊어버릴 때쯤 앞 내용을 반복하는 특징이 있습니다. 곰 세 마리 이야기에서 죽, 의자, 침대, 이렇게 이야기가 세 번 반복되고, 아기 돼지 삼형제에서 늑대가 돼지들의 집을 세 차례 방문하는 동안 같은 말을 반복하듯이 말이지요. 이렇게 문장 패턴이 반복되는 것 역시 리더스 단계의 아이들이 읽기를 연습하는 데에 큰 도움이 됩니다.

권선징악과 해피엔딩의 틀 안에서 이야기가 진행되기 때문에 뒤에 무슨 일이 생길지 예측할 수도 있습니다. 이는 외국어로 영어를 접하는

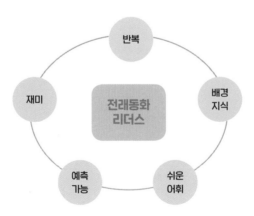

| 전래동화 리더스의 영어 학습 효과 |

우리 아이들이 내용을 쉽게 이해하는 데에 도움을 줍니다. 무엇보다 전래동화는 오랜 세월 전해 내려올 만큼 재미있습니다. 아이들이 스스로 읽어야 할 책에 재미보다 더 중요한 요소는 없겠지요? 그 외에도 전래동화를 통해 세계의 다양한 문화와 가치관을 접하는 등 배경지식을 쌓을 수 있다는 것도 큰 장점입니다.

음원과 영상을 활용한
리더스 학습법

　리더스에 세트로 나오는 오디오 음원은 대체로 속도가 느립니다. 1분에 100단어(100wpm) 전후인 경우가 많지요. 일반적인 대화 속도가 120~180wpm*이기 때문에 리더스의 오디오를 들어보면 아주 천천히 말하는 느낌이 듭니다. 100wpm 정도라면 알아듣기는 쉽지만 소위 '귀를 틔우는 듣기'와는 거리가 있습니다.

　하지만 이런 느린 속도의 음원은 읽기를 연습하는 아이들에게는 아주 유용합니다. 음원을 틀어놓고 눈으로 따라가며 책을 읽는 집중듣기 (RWL, Reading While Listening)가 읽기 능력에 큰 도움이 된다는 것은 이

---

* wpm은 words per minute의 약자로, 분당 단어수를 뜻합니다. 1분에 읽히는 단어의 수를 계산한 것으로 오디오나 묵독, 말하기의 속도를 측정할 때 사용합니다.

미 여러 논문에서 증명된 바 있습니다. 이렇게 리더스 단계에서의 집중 듣기는 통문자 학습이나 소리와 철자 사이의 관계를 이해하는 데 큰 도움이 됩니다.

소리가 느린
리더스 음원 활용법

음원을 틀어놓고 책을 보면서 소리 내어 읽는 것도 끊어 읽기, 문장의 구조와 의미에 맞추어 강약 조절하기 등 유창성 향상에 큰 도움이 됩니다. 아이는 성우와 자신이 동시에 읽는다고 생각하지만, 자세히 들어보면 아이의 목소리가 살짝 느리게 나오는 것을 알 수 있습니다. 이렇게 모델이 되는 소리와 함께 책을 읽으면 지속적으로 귀를 열고 어려운 부분은 들으며 따라 읽게 되지요. 이를 섀도잉(Shadowing), 혹은 섀도 리딩(Shadow Reading)이라고 합니다.

비슷한 방식이지만 책 없이 음원만 들으면서 따라 말하는 섀도 스피킹(Shadow Speaking)도 아주 유용합니다. 리더스 단계는 원어민 기준으로 보통 GK부터 G2까지, 즉 유치원 7세반부터 초등 2학년까지입니다. 그런데 이 시기 아이들은 말의 속도가 성인에 비해 느립니다. 한 마디로 혀가 잘 안 움직인다는 거죠. 그래서 속도가 빠른 음원을 틀어놓으면 귀는 알아들었는데 입이 잘 안 움직여 소리가 뭉개져서 나옵니다. 그런 의미에서 속도가 느린 리더스의 음원은 이 시기의 아이들에게 편안한 속도로 영어를 내뱉도록 하는 데에 도움이 됩니다.

뉴스 등을 동해 많이 들있던 단어나 잘 알고 있는 표현이지만 오랜만에 사용할 경우 발음이 잘 안 된 적이 있을 것입니다. 한글도 이런데 영어는 더하겠지요? 사실 눈으로 읽는 것과 소리로 듣는 것, 그리고 입으로 직접 말하는 것 사이에는 엄청난 간극이 있습니다. 앞서 이야기한 폴 네이션 교수의 Four Strands 이론에 근거해서 말하자면, 우리 아이들에게 출력, 즉 영어로 말하기나 쓰기를 연습할 기회는 많지 않습니다. 그래서 리더스 중에 음원이 같이 있는 경우, Four Strands 간의 균형을 위해서도 이를 적극적으로 활용할 것을 권합니다.

리더스 학습의 시너지를 높이는 영상물 활용

피터 래빗처럼 그림책 원작이 영화나 TV 시리즈로 만들어진 경우와 다니엘 타이거(Daniel Tiger)처럼 영상이 먼저 나오고 영상을 바탕으로 그림책이 나온 경우가 있습니다. 원작이 책일 때는 캐릭터는 같지만 영상과 원작이 별개의 에피소드를 가지는 경우가 많습니다. 반대로 영상이 먼저 나왔을 때는 영상의 에피소드를 기반으로 책이 만들어지는 경우가 많지요.

또한 영상을 원작으로 할 때 리더스의 난이도가 더 높은 편인데, 이는 영상이 훨씬 길고 문장 표현이 다양해서 이를 책으로 옮기면 글이 어려워지기 때문입니다. 그래서 리더스에서는 대체로 내용을 줄여서 들어갑니다.

영어 영상물이 가진 장점을 잘 활용해서, 아이에게 영상물과 관련 리더스를 동시에 접하게 해준다면 상당한 시너지 효과를 볼 수 있습니다. 영상을 통한 영어 학습의 장점은 상당한 양의 영어 입력이 '재미있고', '이해하기 쉽게' 이루어진다는 점이지요. 그리고 책에서는 접하기 힘든 구어 표현을 많이 만날 수 있어 '말하기' 능력을 간접적으로 키워줄 수 있습니다. 이는 이후 아이가 말문을 트고 본격적으로 말하기를 할 때 드러나는 장점입니다. 물론 상당한 양의 입력이 이루어졌을 경우를 전제로 말입니다.

Q 리더스, 챕터북의 음원, 어떻게 구하나요?

국내에서 출간된 책 중에는 음원을 홈페이지에서 다운받거나 QR코드를 통해 무료로 들을 수 있는 책들이 많습니다. 물론 오디오 CD를 별도로 구매해야 하는 책들도 여전히 많고요. 외국에서 출간된 리더스나 챕터북은 오디오 CD를 별도로 구매하거나 온라인상에서 유료로 다운받는 경우가 대부분입니다.

리더스는 워낙 권수가 많고 다양하기 때문에 시리즈 도서의 경우 오디오 CD를 포함한 세트 상품이 나오기도 합니다. 하지만 리더스는 아이들이 스스로 많이 읽는 데에 초점을 둔 책이라 음원이 아예 없는 경우도 많습니다.

챕터북은 출간된 지 아주 오래되었거나 최신인 경우를 제외하면 거의 대부분 음원을 구할 수 있습니다. 국내에 수입된 책은 오디오 CD 형태로 구매하면 되고, 그렇지 않은 책은 아마존 등에서 유료로 음원(Audiobook)을 다운받을 수 있습니다.

그 밖에도 월정액으로 모든 종류의 음원을 들을 수 있는 사이트들도 있으니, 아이가 한참 소리를 들으며 책을 읽는 단계라면 일일이 음원을 사는 것보다는 이를 활용하는 것도 괜찮습니다. 이솝 우화, 비밀의 정원, 피터팬 등 저작권 보호기간이 만료된 책들은 무료로 음원을 들을 수 있는 곳이 많으니 우선은 이런 사이트를 활용해보아도 좋습니다. 대표적인 곳으로 7,000권 이상의 오디오북을 소장한 www.loyalbooks.com이 있습니다.

● 오디오북 음원 구독 사이트
www.audiobooks.com
www.audible.com
www.scribd.com

PART 1.

재미있게 시작하는
첫 리더스

엘리펀트 앤 피기
An Elephant & Piggie Book

📊	GRL	**G~H (AR 0.5~1.4)**
📖	권수	**총 25권**
📄	면수	**64페이지**
🔍	특징	**유머, 일상, 우정 이야기**

ELEPHANT & PIGGIE

이 얼리 리더스는 미국의 그림책 작가 모 윌렘스(Mo Willems)의 작품입니다. 모 윌렘스는 여러 차례 칼데콧상을 수상했으며, 그의 그림책들은 뉴욕타임스와 스쿨 라이브러리 저널 등 유수 기관의 추천도서 목록에 다수 올라가 있습니다. 특히 Elephant & Piggie 리더스는 가이젤 금상을 두 차례, 가이젤 은상을 다섯 차례나 수상했답니다. 가이젤상은 스스로 읽기를 시작하는 아이들에게 가장 적합한 책을 골라 매년 미국 도서관협회(ALA)에서 수여하는 상입니다.

| There Is a Bird on Your Head! | Are You Ready to Play Outside? | We Are in a Book! | A Big Guy Took My Ball! |

| Waiting Is Not Easy! | Let's Go for a Drive! | I Broke My Trunk! |

독해를 돕는
비주얼 텍스트의 활약

이 시리즈는 주로 주인공인 제럴드와 피기의 대화로 이루어져 있습니다. 코끼리 제럴드는 소심하고 걱정이 많은 캐릭터인데, 생각이 금방 엉뚱한 방향으로 나아가서 온갖 재미있는 소동이 일어납니다. 꼬마 돼지 피기는 매사 긍정적이고 상냥한 성격입니다. 우직한 남자아이 제럴드와 깜찍한 여자아이 피기는 상반된 캐릭터이지만 서로를 정말 아끼는 친구 사이예요.

이 시리즈를 읽어보면 일부러 맞춘 것처럼 가이젤상이 원하는 모든 조건을 다 갖추고 있음을 알 수 있습니다. 우선 글과 그림이 100피센트 일치합니다. 그림을 보면 글의 내용을 쉽게 짐작할 수 있는데, 이는 뜻을 잘 모르는 어휘가 나왔을 때 그림의 도움을 받을 수 있다는 뜻이지요. 책에 나오는 어휘의 상당 부분이 통문자로 익히는 사이트워드로 이루어져 있고, 새로운 어휘는 천천히 하나씩 더해지니 더욱 읽기가 쉽습니다.

강조하는 단어는 글자를 기울여 쓰거나 대문자로 감정을 시각화하기도 하고, 캐릭터마다 말풍선의 색깔을 다르게 하는 등 비주얼 텍스트를 적절히 사용해서 내용을 더 쉽게 이해할 수 있도록 한 점도 돋보입니다.

시리즈를 특별하게 만드는
모 윌렘스 특유의 유머와 재미

모 윌렘스 특유의 간결하지만 명확하게 의미 전달이 되는 그림, 배꼽 빠지는 유머 등도 이 시리즈가 사랑받는 이유 중 하나랍니다. 『I Will Surprise My Friend!』는 제럴드와 피기가 서로를 놀라게 하려고 같은 바위에 숨는 내용입니다. 방향이 엇갈리는 바람에 친구가 사라졌다고 생각하는 그 잠깐 동안, 제럴드는 피기에게 생겼을지도 모를 온갖 사건사고를 상상합니다. 반면 피기는 제럴드가 점심을 먹으러 갔나 보

다 생각하지요.

마침내 피기를 구하러 가야겠다고 결심한 제럴드는 "I WILL SAVE YOU, PIGGIE!!!(내가 널 구해줄게, 피기!!!)"라고 외치고, 자기도 밥 먹으러 가야겠다고 생각한 피기는 "LUNCHTIME!!!(점심시간!!!)"이라고 외치며 동시에 일어섭니다. 갑작스런 서로의 등장에 깜짝 놀란 둘은 바닥에 주저앉지만, 이내 술래잡기나 하자고 말하며 끝나지요. 상반된 두 캐릭터의 순수한 우정을 정말 재미있게 담아냈지요? 만화의 한 컷을 한 페이지로 만든 것 같은 책이라 64페이지가 단숨에 훅 읽힌다는 것도 이 책의 매력입니다.

이 시리즈를 읽을 때 순서에 크게 구애받을 필요는 없습니다. 다만, 25번째로 출간된 『The Thank You Book』에는 앞서 나왔던 등장인물들이 한꺼번에 다 나오니 아껴두었다가 마지막으로 읽는 것이 좋습니다.

연결해서 읽을 수 있는
후속 시리즈

Elephant & Piggie 시리즈는 2016년에 끝났지만, 모 윌렘스가 댄 샌탯(Dan Santat) 등 여러 작가와 함께 만들고 있는 Elephant & Piggie Like Reading! 시리즈는 계속 출간되고 있습니다. 현재 8권이 나와 있는데, Elephant & Piggie 시리즈보다 난이도가 약간 높아 두 시리즈를 연결해서 읽어도 좋습니다.

| Elephant & Piggie Like Reading! |

The Cookie   We Are Growing!   Harold & Hog   What About
Fiasco   Pretend for Real!   Worms!?

트럭타운
Jon Scieszka's Trucktown

◧ll	GRL	**F~H (AR 0.6~1.0)**
🗐	권수	**총 15권**
🗏	면수	**24페이지**
🔍	특징	**자동차 좋아하는 아이에게 추천**

　이 리더스의 저자인 존 셰스카(Jon Scieszka)는 옛이야기를 독창적으로 재해석하는 데 탁월한 능력을 발휘하는 그림책 작가로 『The Stinky Cheese Man and Other Fairly Stupid Tales』, 『The True Story of the 3 Little Pigs!』, Time Warp Trio 시리즈 등의 책을 출간했습니다. 특히 그는 남자아이들의 독서를 장려하기 위해 웹기반 리터러시 프로그램인 '가이즈 리드(Guys Read)'를 만들어, 교육계에 큰 반향을 불러일으키기도 했지요.

　그의 책은 그림책이든 챕터북이든 텍스트의 난이도가 높은 편인데,

Dizzy Izzy　　　　Trucks Line Up　　　Uh-Oh, Max

기초 리더스인 Trucktown 시리즈만은 예외입니다. 전체 15권으로 구성되어 있는데, 크게 보면 Ready-to-Read 시리즈 Level 1에 포함된 리더스이기도 합니다.

자동차를 좋아하는 아이들이 열광할 만한 리더스

짧고 간결한 문장으로 이루어져 유아들에게 부모가 읽어주기에도 좋고, 이제 막 읽기를 시작하는 아이들이 부모의 도움을 받으며 읽기에도 좋습니다. 하지만 차와 관련된 용어가 많이 나오기 때문에 차에 흥미가 없는 아이들은 읽기 힘들답니다.

시리즈 도서 중 『Snow Trucking!』을 보면, 자동차나 트럭에 대한 배경지식이 필요한 경우가 많고, 낯선 어휘가 제법 나오는 것을 알 수 있습니다. 예를 들어, muffler(소음기), barrel(대형 통), cement(시멘트),

construction(건설), metal(금속), hydrant(소화전) 등 트럭과 관련된 어휘
가 많이 니온답니다.

하지만 문장 구조가 단순하고, 트럭 관련 어휘를 제외하면 읽기 쉬
운 어휘로 이루어져 있어 자동차에 관심 있는 아이라면 쉽고 재미있게
읽을 수 있습니다. 『No, David!』의 저자 데이비드 섀넌(David Shannon)
등 세 명의 유명 그림 작가가 참여했기 때문에 그림의 완성도도 아주
높습니다.

개성 강한 캐릭터와
두운이 맞는 이름

캐릭터로 나오는 트럭들은 각자의 생김새와 쓰임에 따라 독특한 개

재미있게 시작하는 첫 리더스

성을 가지고 있어 보면 볼수록 감탄하게 됩니다. 각 트럭의 이름은 Dan the dump truck, Pete the payloader처럼 두운이 맞도록 지어졌습니다. 두운이란 연속된 단어의 첫소리가 같게 하는 것입니다. 트럭들이 자주 하는 말도 정해져 있어서 각 캐릭터의 특성을 잘 보여주지요.

시리즈의 주인공인 잭은 유쾌하고 모험심 강한 평상형 트럭입니다. 등장할 때마다 "What's up, Trucks!(별일 없어? 잘 지냈어?)"라는 말을 하지요. 잭의 가장 친한 친구는 댄과 맥스입니다. 잭의 친구 맥스는 커다란 바퀴가 달린 큰 픽업 트럭으로, 시끄럽고 늘 흥분한 상태입니다. 항상 "Pedal to the metal!(어서어서 끝까지 가보자구!)"이라고 떠든답니다. 또 다른 친구 댄은 믿음직스럽고 현명한 덤프 트럭으로, "Nooo problem.(걱정하지마.)"이라는 말로 주변을 늘 안심시켜줍니다.

피트는 열심히 일하고 힘도 세지만 좀 산만한 캐릭터로, 굴착기답게 "Dig it!(파내자!)"이라는 말을 자주 합니다. 소방차인 펠릭스는 힘과 자부심이 넘치는데 늘 사이렌을 울리며 달려와서 이렇게 말하지요. "Never fear, Captain Felix is here!(겁내지마, 펠릭스 대장이 왔다구!)"

쓰레기차 캐릭터 개비는 친화력이 뛰어나지만 수다스럽고 아는 척 하는 것을 좋아합니다. 늘 "Let me tell you something…(내 말 좀 들어봐…)"이라는 말로 대화를 시작하는 식이지요. 콘크리트 믹서 트럭인 멜빈은 소심하고 부정적이며 너무 생각을 많이 하는 경향이 있어요. 그래서인지 항상 "Let me think about this.(잠깐만 생각 좀 해보고.)"라는 말을 자주 합니다. 빅 릭은 다른 트럭에게 곧잘 겁을 주는, 고집 세고 심술궂은 대형 트럭으로, 늘 "No!"라고 말합니다.

유튜브 영상과 동요를
활용하여 몰입도 높이기

이 시리즈의 또 다른 장점은 책에 나오는 트럭들을 주인공으로 한 TV 시리즈가 나와 있다는 점입니다. 책에 비해 영상의 난이도가 다소 높게 느껴지기는 하지만, 트럭들이 주인공인 카툰답게 속도감 있는 전개가 돋보입니다. 유튜브에서 영상을 찾아볼 수도 있습니다.

리더스와 별도로 『Truckery Rhymes』라는 너서리라임 책도 나와 있는데 전래동요를 패러디한 책입니다. 앞에서 말했듯이 존 셰스카는 전래동화나 전래동요를 새로운 시점에서 재해석하는 것으로 유명합니다. 'Here We Go Round The Mulberry Bush'라는 전래동요의 가사는 원래 이렇게 시작합니다. 'This is the way we wash our face, wash our face, wash our face.' 이 책에서 굴착기 피트가 'This is the way we

scoop the dirt.'라고 노래 부르며 진흙을 퍼 나르고 있고, 덤프 트럭 댄은 'This is the way we dump the dirt'라고 부르네요. 이런 식으로 22개의 너서리라임을 트럭들의 이야기로 재미있게 바꾸어 놓았습니다.

아서 어드벤처
Arthur Adventure

Arthur 시리즈는 챕터북과 리더스 버전이 있는데, Arthur Adventure 시리즈는 리더스입니다. 리더스 버전은 AR 지수가 2.2~3.2이고, GRL 지수는 K 전후입니다. 1976년 첫 출간 이후 현재 29권이 나와 있고, 권당 32페이지 분량입니다.

아서라는 캐릭터는 PBS TV 애니메이션이 23시즌, 243편이 나왔을 만큼 널리 사랑받고 있습니다. 편당 20~29분짜리 영상은 리더스와 일부 일치하는 정도지만 함께 봐도 좋겠습니다.

| 「Arthur's Eyes」의 본문 |

호리드 헨리 얼리 리더
Horrid Henry Early Reader

익살스럽고 엽기적인 그림으로 유명한 토니 로스(Tony Ross)가 그림 작가로 참여한 책으로, 역시 챕터북 버전과 리더스 버전이 있습니다. 1994년부터 출간된 챕터북은 전체 25권, 각 권 100페이지 내외이고, 같은 시기에 출간된 리더스는 전체 41권이고, 70페이지 내외입니다. 이 리더스의 AR 지수는 2.6~3.6이고, GRL 지수는 M입니다.

호리드 헨리 역시 2006년부터 TV 시리즈(52편), 영화, 비디오 게임, 연극 등 다양한 장르로 재창조되고 있는 재미있는 캐릭터입니다. Arthur Adventure 시리즈와 Horrid Henry Early Reader 시리즈는 여러 가지 면에서 자주 비교됩니다. 대상연령이 비슷하고, 일상적인 내용을 소재로 한 점은 같지만 Horrid Henry Early Reader의 난이도가 조금 더 높고, 훨씬 짓궂은 내용으로 남자아이들이 특히 좋아합니다.

| 『Don't be Horrid, Henry!』의 본문 |

PART 2.

500권 이상 출간된
대표적인 리더스

레디 투 리드
Ready-to-Read

▦	GRL	**C~R (AR 5점대까지)**
▤	권수	**총 500권 이상 (신간 출시 중)**
▤	면수	**24~48페이지**
◎	특징	**픽션, 논픽션, 다양한 캐릭터**

READY ★ TO ★ READ

이 리더스는 모두 5개의 레벨로 이루어져 있는데, 파닉스를 막 시작한 단계부터 얼리 챕터북 수준까지 촘촘하게 레벨링되어 있습니다. 유명 그림책을 리더스 구성에 포함시키거나, 유명 챕터북을 리더스 버전으로 읽기 쉽게 만든 책들이 많아 다양하게 즐길 수 있습니다. 상업적으로 성공한 영화를 바탕으로 한 책들도 다수 포함되어 있어 영상과 함께 영어 학습을 진행하는 데에도 도움이 되는 리더스입니다.

5개의 레벨 중 처음 두 단계는 난이도의 차이가 거의 없고 권수도 적습니다. 유도적 읽기 수준의 책이 나오는 Level 1~3에 초점을 두고 살펴보겠습니다.

| Ready-to-Read 레벨표 |

파닉스를 배우기 시작했다면,
Ready-to-Go & Pre-Level 1

Ready-to-Go와 Pre-Level 1은 권당 어휘수가 70개 이내이고, 한 권 내에서 같은 어휘가 반복적으로 나옵니다. 문장 또한 하나의 패턴 안에서 반복되기 때문에 쉽게 읽을 수 있습니다. 어휘의 난이도가 낮고 사이트워드도 많이 나와 여러 번 읽다 보면 자연스럽게 사이트워드를 익힐 수 있지요. 또한 워드 패밀리나 라이밍 워드의 비중이 높아 파닉스를 배우기 시작한 아이들에게 읽기의 자신감을 키워줄 수 있습니다.

두 레벨 간에 큰 차이가 없습니다만, Ready-to-Go 레벨이 Pre-Level 1보다 파닉스 규칙에 맞는 어휘와 사이트워드의 비중이 조금 더 높은 정도입니다. 두 레벨 모두 다니엘 타이거, 미피(Miffy) 등 아이들이 친근하게 느끼는 캐릭터가 많이 나옵니다.

Daniel Tiger's Neighborhood는 4살인 다니엘 타이거가 친구, 가족과 함께하는 일상을 소재로 한 시리즈입니다. 동명의 애니메이션이

500권 이상 출간된 대표적인 리더스

Snoopy　　　Dinosaur Train　　Daniel Tiger's　　Miffy's Adventures
　　　　　　　　　　　　　　　　　Neighborhood　　Big and Small

28분짜리 영상으로 100편 이상 방영되었는데 이 중 일부가 Ready-to
-Read에 책으로 포함되었습니다. 지금도 새로운 에피소드가 계속 추가
되고 있는 대표적인 TV 애니메이션이니, 영상과 함께 활용해도 좋겠습
니다.

유도적 읽기 단계에 들어선
아이를 위한 Level 1

Level 1부터 유도적 읽기 단계에 들어갑니다. 혼자서 읽기 시작했지
만 중간중간 누군가의 도움이 필요한 아이들을 위한 레벨로, 이 단계에
서 315개의 사이트워드 익히기를 마무리하는 것이 좋습니다. 줄거리도
단순하고 대화체가 많이 나올 뿐만 아니라, 주로 일상 속 이야기가 나
오기 때문에 아이들이 부담 없이 읽기를 연습할 수 있습니다.

Strega Nona   Angelina Ballerina   Eloise   Olivia

Level 1에 포함된 대표적인 시리즈로는 Strega Nona, Angelina Ballerina, Eloise, Olivia 등이 있습니다. 그 중 영상과 함께 볼 수 있는 시리즈를 살펴볼게요. 프리마 발레리나를 꿈꾸는 직은 쥐 인젤리나의 이야기, Angelina Ballerina는 2009년부터 동명의 애니메이션이 28분짜리 영상으로 총 40편 방영되었습니다. 영국식 영어가 매력 포인트인 영상이지요. Ready-to-Read에 포함된 Angelina Ballerina는 바로 이 TV 프로그램에 기반하고 있다는 점에서 1983년에 출간된 원작과 차이가 있습니다.

Olivia 시리즈는 상상력이 풍부한 꼬마돼지 올리비아의 일상을 그

홈페이지에는 부모를 위한 레벨별 지도법이 있어 참고할 수 있으며 〈Activities〉에서 활동자료도 다운받을 수 있습니다.
www.readytoread.com

린 책입니다. 원작 그림책이 2001년 칼데콧 은상을 수상하며 작품성을 인정받은 바 있지요. 2009년부터 15~30분짜리 영상으로 총 40편이 방영된 애니메이션이 있는데, 이 애니메이션의 내용을 그대로 옮긴 책들을 이 레벨에서 만날 수 있습니다.

Eloise 시리즈도 2006년에 24분씩 13편의 에피소드가 TV에서 방영되었는데, 1950년대에 출간된 원작과 유사하게 만들어졌습니다. 뉴욕의 프라자 호텔에서 살고 있는 엉뚱하고 재미있는 엘로이즈의 이야기로, 호텔 내의 이벤트나 호텔을 방문하는 손님들 등 흥미로운 이야깃거리가 가득합니다. Ready-to-Read에 포함된 Eloise 시리즈는 영상 속 에피소드를 직접적으로 담고 있지는 않지만, 영상과 책을 함께 보면 서로 시너지를 일으킬 수 있습니다.

읽기의 유창성을
높여야 할 때, Level 2

Level 2는 스스로 읽기가 가능한 아이들을 위한 레벨로 각 권은 32~40페이지로 이루어져 있습니다. 문장의 길이가 길어지면서 의미 단위로 끊어 읽는 것(phrasing)이 중요해지고 읽기의 유창성, 즉 속도에도 신경을 써야 하는 단계입니다.

이를 위해 프라이 박사가 선정한 고빈도 구(Fry's Sight Word Phrases) 읽기 연습을 꾸준히 할 것을 추천합니다. 프라이 박사의 고빈도 구는 사이트워드로 이루어진 구 혹은 짧은 문장을 말합니다. 예를 들면, 영어에서 가장 자주 볼 수 있는 첫 100단어를 사용해서 만든 고빈도 구로는 'Two of us', 'Did you see it?', 'The first word' 등이 있습니다. 사이트워드를 꾸준히 익히면서 프라이 박사의 고빈도 구를 소리 내어 읽는 연습을 한다면 읽기 속도를 쉽게 높일 수 있답니다(24쪽 참고).

이 레벨부터는 종종 혼자서 소리 내어 읽으며 1분에 몇 단어를 읽는지 읽기 속도를 측정해보는 것도 좋습니다. 참고로, 미국 초등 2학년 상위 10퍼센트 학생들의 가을 학기 기준 읽기 속도는 110wpm 전후입니다.

이 레벨은 챕터로 나누어질 만큼 내용 또한 길어지므로 읽기 연습에 음원을 적극적으로 활용하는 것이 좋습니다. Henry and Mudge 시리즈(총 28권) 음원의 경우 속도가 100wpm 정도입니다. 이 정도 속도의 음원을 틀어놓고 섀도 리딩을 하면 끊어 읽기, 강약 조절 등 읽기의

500권 이상 출간된 대표적인 리더스

| Henry and Mudge | Peanuts | The Smurfs | SpongeBob Squarepants | How to Train Your Dragon |

유창성을 키우는 데에 도움이 됩니다. 책을 덮고 오디오만 들으며 연속해서 따라 말하기 연습, 즉 섀도 스피킹을 하기에도 좋습니다.

Level 2에 포함된 주목할 만한 시리즈로는 Henry and Mudge, Annie and Snowball, How to Train Your Dragon, SpongeBob Squarepants, Peanuts, The Smurfs 등이 있습니다.

특히 Henry and Mudge 시리즈는 가이젤 금상 수상작이 포함되어 있을 만큼 작품성이 뛰어나고, 다른 책들과 달리 음원도 쉽게 구할 수 있습니다. 책을 읽어보면 한 문장의 길이는 길지만, 끊어 읽기 쉽도록 행갈이가 되어 있어서 생각보다 어렵지 않게 느껴집니다. 어떤 경우는 한 문장이 7줄에 걸쳐 나오기도 하지요. 아이들은 이런 책을 읽음으로써 자연스럽게 의미 단위로 끊어 읽을 수 있고, 긴 문장도 어렵지 않게 읽을 수 있다는 자신감을 얻게 됩니다. 무엇보다 반려견과 소년의 우정에 관한 내용이라 아이들이라면 누구나 쉽게 공감하고 이해할 수 있어 전체적으로 술술 읽히는 책입니다.

영상을 활용할 수 있는 책들을 한 번 살펴볼까요? SpongeBob Squarepants 시리즈는 1999년부터 12시즌 262편이 나와 있는 TV 애니메이션이 있어 간접적으로 활용하기 좋습니다. 서구의 괴물 예티(Yeti)를 소재로 한 영화 〈Smallfoot〉과 함께 『When Migo Met Smallfoot』을 읽어봐도 좋겠습니다.

읽기 능력이 뛰어난
아이들을 위한 Level 3

Level 3는 'reading proficiently', 능숙하게 글을 읽는 아이들에게 맞추어져 있습니다. 이 레벨의 특징은 줄거리의 호흡이 길어지면서 등장인물의 개성이 명확하게 드러난다는 점, 높은 어휘 수준, 어려워진 문

Rabbids Invasion   Bunnicula and   Bunnicula 챕터북
                Friends

장 구조 등입니다. 논픽션의 비중이 높아지며, Level 3 안에서도 GRL 지수가 L부터 R까지 다양합니다. 전반적으로 책의 난이도는 픽션보다 논픽션이 더 높은데, 조금 짧은 얼리 챕터북 수준으로 보면 됩니다. 각 권은 48페이지입니다.

Level 3에 포함된 시리즈로는 Rabbids Invasion, Bunnicula and Friends가 대표적입니다. Rabbids Invasion 시리즈는 렉사일 지수에 'NC'라는 코드가 붙어 있는데, 책의 내용은 어린아이에게 적합하지만 읽기 수준은 조금 더 큰 아이에게 맞다는 뜻이지요. 프랑스에서 제작된 동명의 애니메이션이 유명합니다. 대사가 거의 없지만 코믹한 스토리로 아이들에게 인기가 많은 영상입니다.

Bunnicula and Friends는 Bunnicula(총 7권)라는 베스트셀러 챕터북의 리더스 버전입니다. 제목에서도 알 수 있듯이 Bunny(토끼) Dracula(드라큘라), 즉 Bunnicula 주변에서 일어나는 초자연적 현상이 주 소재입니다. 먼로즈 가족과 함께 살고 있는 반려동물인 개와 고양이가 버니큘라의 도움으로 문제를 해결하는 것이 줄거리입니다. 드라큘라 토끼라니 너무 잔인하지 않을까 싶지만, 걱정할 필요는 없습니다. 버리큘라는 초식성이거든요. 버니큘라가 지나간 자리에는 하얗게 변한 야채만 남지요. 판타지를 좋아하는 초등 저학년에게 꼭 맞는 귀여운 드라큘라 토끼랍니다.

챕터북과 리더스 모두 같은 작가가 글을 썼지만, 그림은 다른 작가가 그렸습니다. 리더스 버전의 경우 주인공들의 다양한 표정, 토끼인 듯 드라큘라인 듯 절묘하게 그려진 귀여운 버니큘라의 모습 등 디테일이 살아 있는 섬세한 그림이 돋보입니다. 현재 총 6권이 나와 있습니다. Level 3의 다른 책들에 비해 쉬운 편으로 시리즈의 첫 권인 『The Vampire Bunny』의 GRL 지수는 L입니다. TV 시리즈는 2016년에 시작해서 시즌3까지, 총 104편이 나와 있습니다. 판타지를 좋아하는 아이들에게 추천하는 영상입니다.

| 『Bunnicula and Friends: The Vampires Bunny』의 본문 |

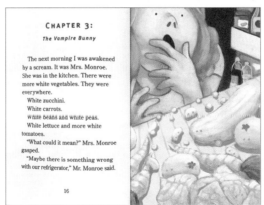

| Ready-to-Read Graphics |

Thunder and Cluck   Nugget and Dog   Geraldine Pu
(Level 1)   (Level 2)   (Level 3)

그리고 최근에 그래픽 노블 전 단계라고 할 수 있는 Ready-to-Read Graphics가 새로 출간되기 시작했습니다. Level 1, 2, 3으로 나와 있으니, 아이가 만화 형태의 책을 좋아한다면 관심을 가져도 좋겠습니다.

| Ready-to-Read |

레벨	GRL	렉사일	CEFR	페이지
Ready-to-Go	C~F	AD120L~AD190L	A1	24~32
Pre-Level 1	D~I	BR80L~410L		
Level 1	G~K	280L~550L		32
Level 2	I~N	440L~690L	A2	32~40
Level 3	L~R	450L~950L	A2~B1	48

스텝 인투 리딩
Step into Reading

GRL		D~S (AR 4점대까지)
권수		총 600권 이상 (신간 출시 중)
면수		24~48페이지
특징		픽션, 논픽션, 다양한 캐릭터

STEP INTO READING

총 5개 레벨, 600권 이상의 책으로 이루어져 있고, 파닉스 시작 단계부터 챕터북 들어가기 직전까지 활용할 수 있다는 점에서 Ready-to-Read와 비슷합니다. A Comic Reader 같은 최신 트렌드의 신간이 지속적으로 추가되고 있지요. 홈페이지에서 카테고리나 캐릭터별로 책을 검색할 수 있고, 레벨별 수준도 상세하게 알아볼 수 있습니다. 5개의 레벨 중에서 Step 4와 Step 5는 모두 합해도 50권 내외라 Step 1~3에 초점을 맞추고 활용하는 것이 좋습니다.

Step 1	Step 2	Step 3	Step 4	Step 5
Ready to Read	Reading with Help	Reading on Your Own	Reading Paragraphs	Ready for Chapters

파닉스를 배우는 단계,
Step 1

Step 1은 원어민을 기준으로 유치원 아이들을 위한 책으로 파닉스를 배워 단어를 하나씩 읽어보려고 하는 아이들에게 꼭 맞는 레벨입니다. 책에 나오는 어휘는 주로 1음절 혹은 2음절이며 문장은 단순하면서 같은 패턴이 반복적으로 나옵니다. 그림으로 책의 내용을 예측할 수 있으며, 리듬과 라임이 강조되어 쉽고 재미있게 읽을 수 있습니다.

예를 들면, 『Drop It, Rocket!』은 노란 새 선생님과 글자를 배우는 강아지 로켓의 이야기입니다. 'word tree'에 새로운 글자가 더해지면서 반복적으로 글자를 읽으며 페이지를 넘기는 책이지요. 같은 문장 패턴이 반복해서 나오므로 이 책을 읽고 나면 'drop it'이라는 표현을 자연스럽게 알게 되고, word tree에 있는 단어들을 익히게 됩니다.

홈페이지에 단계별 책 검색, 내지 이미지 등 제공하는 정보가 많습니다. 다양한 활동자료를 다운받을 수 있으며, e-북도 구매 가능합니다.
www.stepintoreading.com

대부분 픽션으로 이루어진 Step 1에는 아이들이 좋아하는 캐릭터
가 많습니다. 주요 시리즈로는 Barbie, Berenstain Bears, Cars, Disney
Princess, Thomas & Friends, Baby Shark 등이 있습니다.

| Step 1의 시리즈들 |

Barbie　　　　Cars　　　Disney Princess　Thomas & Friends　Baby Shark

아직 부모의 도움이
필요한 단계, Step 2

Step 2는 원어민을 기준으로 유치 단계부터 초등 1학년 수준의 책입니다. 주도적으로 읽기 시작하지만 아직은 도움을 받아가며 읽는 단계입니다. 문장은 짧고 어휘 수준은 낮으며 줄거리도 쉬운 편입니다. 여전히 사이트워드와 파닉스 규칙을 따르는 어휘 위주로 구성되어 있고, 각 권 32페이지입니다.

예를 들어, 『Here Comes Silent e!』를 읽으면 파닉스 3단계인 장모음 silent e 규칙을 배울 수 있습니다. man이 mane으로, bit이 bite로, kit이 kite로, glob이 globe로, plan이 plane으로, cap이 cape로 바뀌는 과정을 매직 e 티셔츠를 입은 아이의 동선을 따라가며 재미있는 그림으로 표현했습니다. 이 책을 읽고 나면 파닉스 학습의 중요 개념인 silent

| 『Here Comes Silent e!』(Level 2)의 본문 |

Barbie   Moana   Fronzen   DC Super Freinds

e 규칙을 확실하게 알 수 있겠지요?

Step 2에서도 픽션의 비중이 높습니다. 250권이 넘는 책 중에서 논픽션이 22권이고, 나머지는 모두 픽션입니다. Step 2에 포함된 시리즈로는 Barbie, Moana, Frozen, DC Super Friends 등이 있습니다.

논픽션의 비중이
높아지는 단계, Step 3

Step 3는 원어민 기준 초등 1~3학년 수준을 대상으로 하며, 혼자서 읽을 수 있는 아이들이 읽는 책입니다. Step 3부터는 48페이지로 분량이 늘어나고, 어려운 어휘도 나옵니다. 유명 캐릭터로는 아서(Arthur) 정도만 시리즈로 나와 있답니다. 〈Frozen2〉, 〈Coco〉 등 최신 영화에 기반한 책들도 꾸준히 Step into Reading에 추가되고 있습니다.

130권이 넘는 책 중 논픽션이 50권 이상으로, 이 레벨부터는 논픽

Arthur   Frozen2   Coco   Inside Out   Zootopia

션의 비중이 상당히 높아집니다. 다양한 주제와 관련된 새로운 어휘를 배울 수 있게 되고, 글을 읽으며 문맥 안에서 내용을 이해하는 연습도 하게 되지요.

『Hungry, Hungry Sharks!』는 과학 논픽션으로 상어의 종류와 먹이, 번식 등 상어의 모든 것을 상세한 그림과 함께 다루고 있습니다. 문장의 길이는 길어졌지만, 끊어 읽기 쉽도록 의미 단위로 줄을 바꾸어가며 나오기 때문에 생각보다 어렵게 느껴지지 않습니다. 책의 내용이 늘어나고, 새로운 정보가 많이 나오는 논픽션 책이지만 의외로 쉽게 읽히는 이유이지요. 이 책을 읽고 나면 긴 문장도 쉽게 읽을 수 있다는 자신감과 함께 상어에 대해 상당한 지식도 얻게 됩니다.

| 『Hungry, Hungry Sharks!』(Level 3)의 본문 |

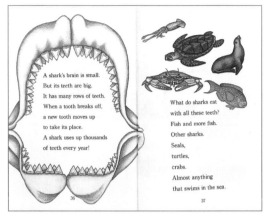

A shark's brain is small.
But its teeth are big.
It has many rows of teeth.
When a tooth breaks off,
a new tooth moves up
to take its place.
A shark uses up thousands
of teeth every year!

What do sharks eat
with all these teeth?
Fish and more fish.
Other sharks.
Seals,
turtles,
crabs.
Almost anything
that swims in the sea.

읽기 능력이 뛰어난 아이들을 위한
Step 4 & Step 5

Step 4는 원어민 기준 초등 2~3학년이 읽기에 적합한 수준으로 전체 38권 중 22권이 논픽션입니다. GRL 지수는 주로 M~P로 텍스트의 난이도는 얼리 챕터북 수준입니다. 이제는 누군가의 도움 없이 혼자서 읽을 수 있는 아이들을 위한 레벨이라는 뜻입니다.

Step 4 중에서 『No Tooth, No Quarter!』는 이빨 요정(Tooth Fairy)에 관한 이야기로 제 역할을 제대로 못해 걱정이 많은 이빨 요정과 유치갈이를 하는 월터가 주인공입니다. 이빨 요정은 건강한 유치를 가져가려고 하루 종일 월터 주위를 맴도는데, 월터는 넘어져서 이빨을 삼켜버립니다! 이빨 요정에게 유치는 없지만 이가 잘 빠졌으니 동전을 달라는

편지를 써서 베개 밑에 두고 잠이 든 왈터. 억지로 생니를 뽑으려고 하는 이빨 요정 때문에 잠이 깨고, 둘은 유치로 이루어진 이빨 요정의 나라로 가서 문제를 해결하게 된다는 판타지입니다. 한참 유치갈이 하는 아이들이 쉽게 공감하며 흥미롭게 읽을 만한 이야기랍니다.

마지막으로, Step 5는 원어민 기준 초등 2~4학년이 읽기에 적합한 수준으로 전체 9권이 나와 있습니다.

| Step into Reading |

레벨	GRL	CEFR	권수	페이지
Step 1	D~G	A1	200권 이상	24~32
Step 2	E~J		250권 이상	32
Step 3	J~N	A2	130권 이상	48
Step 4	M~P		38권	48
Step 5	O~S	B1	9권	48

아이 캔 리드
I Can Read

📊	GRL	**A~P (AR 4점대까지)**
📖	권수	**총 700권 이상 (신간 출시 중)**
📄	면수	**32~64페이지**
🔍	특징	**픽션, 논픽션, 다양한 캐릭터**

　700여 권의 책이 6개의 레벨로 나와 있는 리더스입니다. 다른 리더스에 비해 Level 1의 글 난이도가 높고, 전체적으로 페이지수가 많습니다. 논픽션보다 픽션의 비중이 높으며, 『Little Bear』처럼 고전이 된 그림책들이 많이 포함된 전통의 리더스이지요. 신간도 지속적으로 출시되고 있습니다. 아이들이 좋아하는 캐릭터가 주인공인 책들도 많아서 Step into Reading, Ready-to-Read와 함께 가장 대표적인 리더스라고 할 수 있습니다. 홈페이지에서 제공하는 정보도 많고, 90여 권은 음원을 권당 2달러에 다운받을 수 있습니다.

500권 이상 출간된 대표적인 리더스

첫 단계인 My Very First는 여러 권이 묶인 세트 3개, Level 3는 43권, Level 4는 6권밖에 없어서, 이 세 레벨을 제외하고 My First부터 Level 2까지를 살펴보겠습니다.

| I Can Read 레벨표 |

파닉스 규칙에 맞는 문장들로
자신감 키우기, My First

원어민 기준 7세부터 초등 1학년 사이의 아이들에게 꼭 맞는 수준입니다. 심플한 기본 문장 안에서 어휘는 반복적으로 나오고, 내용을 이해하는 데에 그림의 도움을 받을 수 있습니다. Step into Reading의 Step 1과 비슷한 수준이며, 각 권 32페이지입니다. My First 레벨에 나오는 시리즈로는 Biscuit, Pete the Cat, Baby Shark 등이 있습니다.

캐릭터별 레벨별로 찾기 쉽게 분류되어 있는 홈페이지에는 다양한 활동자료가 있어 다운받을 수 있습니다. 홈페이지에서 디지털 음원만 따로 구입할 수 있습니다. www.icanread.com

| Biscuit | Little Critter | Baby Shark | Super Wings |

그 중에서 『Fox the Tiger』를 살펴볼까요? 이 책은 2019년 가이젤 금상 수상작입니다. 호랑이가 되고 싶은 여우가 호랑이 줄무늬를 몸에 그리고 길을 나섭니다. "I am Tiger. I prowl and growl.(난 호랑이. 어슬렁 거리며 으르렁 소리를 내지.)" 거북이가 이 모습을 보더니 경주용 차로 분장하고 나타나지요. "I am Race Car. I zip and zoom.(난 경주용 차. 횡 하고, 쌩 하고 달려가지.)" 이렇게 숲 속 동물들이 평소에 되고 싶었던 동물이 되어 신나게 노는 내용입니다. 파닉스 규칙에 잘 맞는 어휘들이 많아 아이들에게 책 읽기의 자신감을 불어넣을 수 있답니다. 그리고 zip, zoom처럼 두운이 잘 맞는 단어와 prowl, growl처럼 라임이 같은 단어들이 간결한 문장과 함께 나와 영어의 리듬을 느끼며 책을 읽을 수 있지요. 글의 내용과 꼭 맞는 그림의 도움으로 더욱 쉽게 책을 이해할 수 있다는 점도 이 책이 가이젤상을 수상한 이유입니다. 이 책의 주인공 Fox를 주요 캐릭터로 한 시리즈 도서도 계속 출간되고 있습니다.

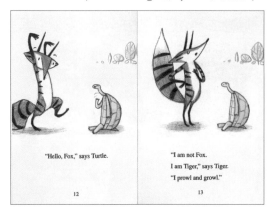

혼자서 읽기 시작하는
아이를 위한 Level 1

　　Level 1은 글밥이 많은 책을 서서히 혼자서 읽기 시작하는 미국 초등 1학년 수준입니다. 여전히 짧은 문장과 일상적으로 보는 단어, 이해하기 쉬운 주제를 다루고 있습니다. 대체로 32페이지 분량이며, 간혹 Little Bear 시리즈처럼 64페이지 분량의 책들도 있으니, 다른 리더스와 비교할 때 글의 길이가 긴 편입니다. Level 1에 포함된 시리즈로는 Fancy Nancy, Paddington, Pete the Cat, Splat the Cat, Amelia Bedelia 등이 있습니다.

　　그 중 영상도 함께 즐길 수 있는 시리즈들도 있는데요, Fancy Nancy 는 TV 시리즈가 2018년부터 방영되고 있는데, 디즈니에서 3D 애니메

Amelia Bedelia   Splat the Cat   Pete the Cat   Paddington   Fancy Nancy

이션으로 만든 아주 섬세하고 예쁜 영상입니다. 23분짜리 에피소드가 30여 편 나왔습니다. Pete the Cat도 책의 인기에 걸맞게 최근 몇 년 사이 TV 애니메이션으로 여러 번 제작되었습니다. 유튜브 검색으로 아이가 좋아하는 영상을 시리즈 구분 없이 찾아 보여주는 깃도 좋겠습니다.

Paddington은 이미 두 차례나 영화화되었습니다. TV 시리즈로는 1997년에 24분짜리로 117편이 방영되었는데, 2019년 12월부터 새로운 시리즈가 다시 방영되기 시작했으니 그 인기가 실감이 나지요?

세계적인 그림책 작가 모리스 센닥(Maurice Sendak)이 제작에 참여한 영상 〈Little Bear〉도 잔잔하면서 재미있습니다. 1995~2003년에 편당 24분씩, 195편이 방영되었는데 아이들의 일상을 서정적으로 담고 있습니다.

상업영화로도 나온 〈Paddington〉을 제외하면 이들 모두 유튜브에 공식채널이 있어 영상을 볼 수 있습니다. 지금 소개한 영상들은 대부분 책과 1:1 매칭이 안 되므로 영상과 책을 통해 주요 캐릭터를 더 친근하게 느끼고 내용을 쉽게 이해하도록 도움을 받는 데에 초점을 두고 활용하는 것이 좋습니다.

　I Can Read의 내표작이라고도 할 수 있는『A Kiss for Little Bear』는
모리스 센닥이 그림을 그려 더 유명한 책이지요. 할머니 곰이 보내는
뽀뽀를 아기 곰에게 전하기 위해 숲 속 동물들이 뽀뽀를 전달하는 모습
을 사랑스럽게 그려냈습니다. 분량은 64페이지로 많은 편이지만, 이해
하기 쉬운 내용에 문장 구조가 단순하고, 단어도 어렵지 않아 잘 읽힙
니다. 모리스 센닥의『Where the Wild Things Are(괴물들이 사는 나라)』
에 나오는 괴물도 그림 속 그림으로 등장해서 작은 즐거움을 선사한답
니다.

| 『A Kiss for Little Bear』(Level 1)의 본문 |

읽기의 유창성 키우기,
Level 2

Level 2는 원어민 기준 초등 1~2학년 수준으로 나온 책입니다. 전체 내용이 길어지지만 끊어 읽기 쉽도록 한 문장 안에서도 줄을 바꾸어가며 나오기 때문에 어렵게 느껴지진 않습니다. 그래서 긴 호흡으로 읽기의 유창성을 키워야 하는 아이들에게 적합합니다. 길어진 만큼 더 깊어진 이야기가 아이들에게 즐거움을 주며, Level 1에도 포함되었던 시리즈인 Splat the Cat, Amelia Bedelia를 비롯해, Frog And Toad, Flat Stanley 등이 인기가 많습니다.

활용할 수 있는 영상으로는 〈The Angry Birds〉와 〈Alvin and the Chipmunks〉가 있는데, The Angry Birds 시리즈(3권), Alvin and the Chipmunks 시리즈(2권)가 I Can Read에 포함되어 있습니다. 특히 〈Alvin and the Chipmunks〉는 2007~2015년에 총 4편의 영화가 나왔고, 4편 모두 흥행에 성공했을 만큼 아이들이 정말 좋아하는 영화이

| Level 2의 시리즈들 |

|Splat the Cat|Flat Stanley|Frog and Toad|Angry Birds|Alvin and the Chipmunks|

500권 이상 출간된 대표적인 리더스

Frog walked into the house.
It was dark.
All the shutters were closed.
"Toad, where are you?" called Frog.
"Go away," said the voice
from a corner of the room.
Toad was lying in bed.

6

He had pulled all the covers
over his head.
Frog pushed Toad out of bed.
He pushed him out of the house
and onto the front porch.
Toad blinked in the bright sun.
"Help!" said Toad.
"I cannot see anything."

7

니 꼭 같이 보시면 좋겠습니다.

Level 2의 대표 도서 중 하나인 아놀드 로벨(Arnold Lobel)의 Frog and Toad는 1970년대에 출간되어 지금까지도 널리 사랑받고 있는 시리즈입니다. 모두 4권이며, 칼데콧 아너상과 뉴베리 아너상을 수상하고 유수의 기관에서 여전히 최고의 어린이 도서로 꼽히고 있습니다.

그 중 『Frog and Toad Are Friends』를 보면, 5개의 짧은 에피소드로 이루어져 있어 얼리 챕터북과 비슷한 구성과 난이도를 가지고 있습니다. 남자아이 두 명이 개구리와 두꺼비라는 흔치 않은 동물로 의인화되어 이야기가 전개되는데, 두 캐릭터의 우정이 일상을 배경으로 잔잔하지만 재미있게 담겨 있습니다.

| I Can Read |

레벨	GRL	CEFR	권수	페이지
MY Very First	A~E		10권씩 3세트	32
My First	C~I	A1	170권 이상	
Level 1	G~K		300권 이상	32~64
Level 2	H~M	A2	200권 이상	
Level 3	J~M		44권	58~64
Level 4	J~P	B1	6권	48

500권 이상 출간된 대표적인 리더스

옥스퍼드 리딩 트리(ORT)
Oxford Reading Tree

📊	GRL	A~R
🅱	권수	총 800권 이상
📄	면수	8~38페이지
🔍	특징	픽션, 논픽션, 파닉스 등

Oxford Reading Tree, 줄여서 ORT는 영국의 대표적인 리더스입니다. 이 시리즈는 읽기를 배우는 아이가 읽기의 즐거움을 알아가는 데에 목적을 두고 있으며, 짧은 절에서부터 챕터북까지 800권 이상의 책으로 구성되어 있습니다. 키퍼 가족의 일상을 다룬 Biff, Chip and Kipper Stories가 가장 대표적인 시리즈입니다. 그 외에도 키퍼 가족의 반려견 플로피가 주인공인 파닉스 리더스 Floppy's Phonics, 『The Gruffalo』의 작가 줄리아 도날드슨(Julia Donaldson)이 쓴 아름답고 리듬감 있는 글이 특징인 Songbirds Phonics, 논픽션 리더스인 Oxford Reading Tree

Floppy's Phonics
시리즈

Songbirds Phonics
시리즈

Biff, Chip and
Kipper stories
시리즈

InFact
시리즈

inFact 등 여러 시리즈가 있습니다.

ORT는 키퍼네 가족으로 시작해서 반려견 플로피를 얻는 과정, 친구들과 이웃 이야기 등으로 소재가 확장됩니다. 그러다가 아이들이 시공간을 이동할 수 있는 매직키를 발견하는 Level 5부터 판타지 장르가 시작되고, 이어 논픽션까지 두루 포함하게 됩니다.

정확한 레벨링으로 읽기 연습에
충실한 리더스

기존에 단행본으로 출간된 책들을 모아 리더스를 구성한 것이 아니고 어휘의 난이도, 어휘수, 문법, 문장 구조와 전체 길이를 정교하게 조절해서 만든 리더스이기 때문에 레벨링이 매우 정확합니다. 보통은 이렇게 레벨링이 잘 되어 있는 리더스들은 문장이나 내용이 부자연스럽고 그림도 단순한 경우가 많은데, ORT는 내용도 재미있고 그림 읽기를 해도 될 만큼 그림 속 이야깃거리도 많습니다. 영국 초등학교의 80 퍼센트가 사용한다는 명성을 그냥 얻게 된 것이 아니지요.

아이들은 부모가 읽어주는 재미있는 그림책을 읽다가 읽기 연습이라는 목적에 충실한 리더스를 혼자 읽기 시작하면서 지루함을 느끼고 책 읽기를 더 이상 즐기지 않게 되는 경우가 많습니다. 하지만 ORT는 쉽게 공감할 수 있는 일상의 에피소드를 통해 유머와 반전이 가득한 재미있는 이야기로 풀어냈다는 점에서, 읽기를 시작하는 아이들에게 꼭 맞는 리더스입니다. 그리고 바로 이 유머와 반전은 ORT를 다른 리더스와 구분 짓는 가장 특별한 요소입니다. ORT를 읽는 권수가 늘어날수록 키퍼네 식구들을 속속들이 알게 되고, 작가가 책 속에 숨겨놓은 작은 장치들까지 알아차리며 더욱 즐길 수 있게 되지요.

그런 의미에서 페이지당 글자수가 적어 그냥 넘어가는 경우가 많은 Level 1~3의 책들도 놓치지 않기를 바랍니다. 주요 등장인물을 입체적으로 이해할 수 있는 다양한 에피소드가 많이 나올 뿐만 아니라 어떤 그림책보다도 재미있게 읽을 만한 책들이 한가득입니다!

Level 2에 있는 『New Trainers』라는 책을 살펴보겠습니다. 키퍼 가족의 구성원은 쌍둥이인 비프와 칩, 그들의 동생인 키퍼, 엄마와 아빠, 강아지 플로피입니다. 이 책은 쌍둥이 중 하나인 칩의 이야기이고요. 글은 새 운동화를 산 칩 시점에서 진행되는데, 그림은 칩을 데리고 신발가게에 간 아빠의 시점까지 동시에 보여줍니다. 즉, 글은 'He likes this pair.'라는 단순한 문장이지만, 그림은 수십 켤레를 신고 드디어 하나를 고른 칩과 진땀을 흘리는 상점 주인, 세일 코너에서 자신의 신발

을 고른 아빠의 모습을 보여주고 있지요. 이처럼 다양한 이야깃거리가 풍성하게 담겨 있는 매력적인 책입니다.

칩은 새 신발을 신고 친구들과 만나 들로 시냇가로 뛰어다니며 노는데요, 당연히 새 신발이 흙투성이가 되고 아빠에게 혼이 납니다. 입꼬리를 축 늘어뜨린 채 운동화를 빨고 있는 칩 뒤로 씩씩거리며 걸어가는 아빠의 반짝이는 새 구두가 시선을 끄네요. 하지만 칩에게 야단을 치느라 옆집의 시멘트 바닥 공사 현장에 씩씩하게 발을 내딛고만 아빠라니! 엄마나 아빠가 골탕 먹는 이런 반전을 아이들은 정말 좋아한답니다. 더불어, 말은 없지만 양념처럼 책을 살리는 옆집 아저씨와 그의 반려견도 빼놓을 수 없는 재미 요소입니다.

무료 e-북을 제공하는
홈페이지 활용

ORT는 책뿐만 아니라 e-북으로도 쉽게 접할 수 있는데, 특히 Oxford Owl 사이트에서 간단한 회원가입 절차를 거친 후 수십 권의 ORT 책을 무료로 읽을 수 있습니다. 영국식 영어 오디오가 제공되며 자동 재생이 아니라 한 장씩 넘기게 되어 있습니다. 그 외에 홈페이지에서 구할 수 있는 부가자료로 음원과 워크시트, 레슨 플랜 등이 있습니다.

모든 ORT 책은 앞뒤 면지에 간단하게 읽기 전과 읽은 후에 아이와 나눌 수 있는 이야기가 정리되어 있으니 이를 잘 활용하기만 해도 내용 이해나 말하기에 도움을 얻을 수 있습니다.

ORT의 음원은 Level 6부터 녹음 속도가 달라집니다. Level 5까지는 100wpm 전후로 속도가 느려서 섀도 리딩을 하기 딱 좋고, Level 6부터는 정상 속도인 120~140wpm이니 섀도 스피킹을 하거나 집중듣기를 하면 좋답니다.

ORT 홈페이지의 가장 큰 특징은 e-북을 무료로 읽을 수 있다는 점입니다. 〈Free eBook Library〉에 들어가면 레벨별, 시리즈별, 연령별로 분류되어 있습니다. www.oxfordowl.co.uk

| Oxford Reading Tree* |

레벨	GRL	어휘수	페이지
1	A~C	16~74	8
2	D~E	34~134	16
3	E~F	67~143	16
4	G	85~220	16~24
5	G~I	273~406	24
6	H~K	443~738	24~32
7	J~K	854~1,068	24~32
8	L~O	878~1,338	32
9	N~O	1,239~1,516	32

*
ORT는 20개 레벨로 되어 있는데 고유의 색깔로 구분됩니다. 유아기부터 초등 고학년까지, 리드 어라우드 부터 독립 읽기까지 모두 망라하고 있습니다. 옥스퍼드 출판사가 ORT 레벨과 CEFR 혹은 렉사일 지수 변환 표를 제공하지 않아 공식적으로 레벨 변환표를 구할 수는 없습니다만 다른 리더스와의 수준을 비교하기 위해서는 GRL 지수가 필요하기에 One-to-one(www.one-to-one.ca) 사이트를 참고하여 대략적인 변환표를 정리해보았으니 참고하시기 바랍니다.

500권 이상 출간된 대표적인 리더스

펭귄 영 리더스
Penguin Young Readers

단행본으로 출간된 도서를 출판사에서 자체 기준에 따라 레벨별로 묶은 리더스입니다. 아이들에게 익숙한 캐릭터를 주인공으로 내세운 책들이 많으며 픽션과 논픽션이 모두 포함되어 있다는 점에서 Step into Reading, Ready-to-Read, I Can Read와 비슷하지요. 1951년에 출간된 Dick and Jane 시리즈부터 『Don't Throw It to Mo!』, 『A Pig, a Fox, and a Box』 등 최근의 가이젤상 수상작까지 다양한 책이 포함되어 있습니다.

| Penguin Young Readers |

Tiny's Bath
(Level 1)

Dick and Jane,
We See(Level 2)

It's Justin Time,
Amber Brown
(Level 3)

Wizard of OZ
(Level 4)

| Penguin Young Readers |

레벨	GRL	권수	페이지
Level 1	A~D	22	32
Level 2	E~I	75	32
Level 3	J~M	88	48
Level 4	N~P	14	48

월드 오브 리딩
World of Reading

World of Reading은 디즈니에서 만든 최신 리더스입니다. Pre-1부터 Level 3까지 4개 레벨로 이루어져 있습니다. 스타워즈, 프린세스, 미키마우스 등 전통의 디즈니 캐릭터는 물론이고, 최근에 인기가 많은 어벤져스(Avengers) 캐릭터들까지 총망라되어 있어 디즈니 영화를 좋아하는 아이라면 놓칠 수 없는 책들이 가득합니다. 인기 영화를 기반으로 한 책이 많아 영상과 함께 활용하기 좋습니다.

| World of Reading |

| Vampirina (Pre-1) | Mickey (Level 1) | Star Wars (Level 2) | Avengers (Level 3) |

　　　　　　　　　　　500권 이상 출간된 대표적인 리더스

레벨	GRL	CEFR	권수	페이지
Pre-1	C~J	A1	17	32
Level 1	D~K		47	32
Level 2	H~N	A2	16	32
Level 3	M~N		6	48

콜린스 빅 캣
Collins Big Cat

Collins Big Cat은 전체 600권이 넘고, 픽션과 논픽션이 골고루 포함되어 있어 Step into Reading, I Can Read, Ready-to-Read와 비슷합니다. 영국에서 제작된 리더스라서 색깔로 레벨을 분류하고 영국식 영어를 들을 수 있다는 점에서는 ORT와 비슷하지요. 우리나라에서는 책보다 온라인 독서 프로그램(리딩앤)에서 널리 사용되고 있습니다.

| 『Top Dinosaurs』(Level 4)의 본문 |

| Collins Big Cat |

레벨	권수	어휘수	페이지
Pink 1	47	14~30	16
Red 2	48	40~60	16
Yellow 3	30	50~100	16
Blue 4	34	90~170	16
Green 5	26	170~250	24
Orange 6	25	250~300	24
Turquoise 7	22	300~500	24
Purple 8	23	500~750	24
Gold 9	24	700~900	24
White 10	27	1,200	32~48
Lime 11	29	1,500	32~48
Copper 12	38	1,500	32
Topaz 13	38	2,000	32
Ruby 14	38	2,500	48
Emerald 15	42	3,000	48
Sapphire 16	38	4,000	56
Diamond 17	38	5,000	56
Pearl 18	40	8,000	80

500권 이상 출간된 대표적인 리더스

Q 종이책과 e-북, 무엇을 선택할지 고민됩니다.

우선 경제적 효율성의 측면에서 비교해보면, 리더스 수준에서는 e-북의 가격이 훨씬 저렴한데 비해, 챕터북 수준에서는 종이책과 e-북 사이에 가격 차이가 크지 않습니다. 오히려 e-북이 더 비싼 경우도 있고요.

이용의 편리성 측면에서 살펴보면, e-북은 책을 가지고 다닐 필요 없이 언제든 태블릿을 꺼내 펼쳐볼 수 있어 종이책에 비해 훨씬 이용이 편리합니다. 하지만 화면을 장시간 바라보아야 하므로 아이들의 시력에 해를 끼칠 수 있고, 아이들이 스마트폰과 태블릿을 다른 용도로 이용할 수 있다는 단점이 있습니다. 그래서 최근에는 시력보호 기능을 장착한 다양한 e-북 리더기가 시중에 나와 있으니 이를 활용해도 좋겠습니다.

읽기 학습의 효과는 어떨까요? 아직 읽기가 익숙하지 않은 아이의 경우, 종이책을 보면서 찬찬히 손으로 짚으며 읽는 것이 좋습니다. 아이가 유창하게 책을 읽을 수 있다면 종이책이든 e-북이든 크게 상관없습니다. 특히 요즘 아이들은 디바이스를 활용해서 독서하는 것을 자연스럽게 받아들이기 때문에 상황에 맞게 선택하면 됩니다.

보통 e-북이라고 하면 온라인으로 책을 읽고 간단한 문제를 푸는 온라인 학습 프로그램을 생각하는 경우가 많은데, 제가 위에서 설명한 e-북은 종이책과 똑같은데 화면상에서 읽는 책을 말합니다. 만약 온라인 학습 프로그램 속의 e-북이라면 합리적인 가격으로 다독과 정독을 동시에 진행할 수 있다고 볼 수 있습니다.

PART 3.

정독하기 좋은
리더스

레이디버드 리더스
Ladybird Readers

📶	렉사일	**BR30L~760L** (AR 3점대까지)
B	권수	**총 160권 이상** (신간 출시 중)
📄	면수	**16~64페이지**
🔍	특징	**픽션, 논픽션, 아동문학 작품 포함**

앞서 소개한 I Can Read나 Step into Reading이 영어가 모국어인 아이들의 읽기 능력 향상을 위해 만들어진 리더스인 데 비해, 영국에서 출간된 Ladybird Readers는 EFL(English as a Foreign Language) 환경 혹은 ESL(English as a Second Language) 환경에 있는 외국어 학습자를 위한 단계별 리더스입니다. 인지 수준은 높지만 언어 구조, 즉 문법에 대한 이해와 어휘력이 부족한 외국어 학습자의 특성을 잘 살린 리더스이지요. 정확한 레벨링과 책 속 워크시트를 통해 읽기의 유창성은 물론이고 '학습'에 초점을 둔 점도 돋보입니다. 홈페이지에 레벨링 테스트지를 제공

하고 있어서, 간단한 테스트를 통해 적절한 레벨을 선택하도록 안내합니다.

레벨은 Beginner, Starter, Level 1~6으로 전체 8단계 구성입니다. Beginner는 20권, Starter는 17권이 나와 있는데, 최근에 앤서니 브라운의 베스트셀러 그림책『My Dad』와『My Mom』이 Beginner에 포함되었습니다. 원작의 글을 더욱 쉽게 만들어 영어가 서툰 아이들도 앤서니 브라운의 그림책을 즐길 수 있도록 만든 점이 눈에 띕니다.

유도적 읽기 단계는 Level 1부터 시작되고, Level 5와 Level 6는 다 합해도 14권밖에 되지 않으므로, Level 1~4를 중심으로 살펴보겠습니다.

| Ladybird Readers 레벨표 |

Ladybird Readers는 홈페이지에서 도서 구매자를 대상으로 레슨 플랜, 워크시트, 음원 등 다양한 온라인 프로그램을 제공합니다.
www.ladybirdeducation.co.uk

정독하기 좋은 리더스

워크시트와 액티비티북으로
정독하기 좋은 리더스

책 속에 워크시트가 포함되어 있지만, 별도로 16페이지 분량의 액티비티북을 구입할 수도 있습니다. 하지만 책에 포함된 워크시트도 18페이지로 상당한 분량이기 때문에 액티비티북은 필수라기보다 선택적으로 사용할 것을 추천합니다. 홈페이지에서 정답지, 그림 카드, 연극 대본, 레슨 플랜, 미국식과 영국식 두 가지 타입의 음원 등을 한꺼번에 다운받을 수 있는 것도 이 리더스의 장점입니다.

워크북을 활용한 정독에 초점을 둔다면, 다른 리더스보다 Ladybird Readers를 추천하고 싶습니다. 워크북이 포함된 리더스가 많지 않고, 일부 책을 대상으로 워크북을 구매할 수 있는 I Can Read, Step into Reading, Hello Reader의 경우 국내 출판사에 의해 워크북이 출간된 지 15년이 훌쩍 넘어 절판된 책이 많기 때문이지요. 그에 반해 책 속에 붙어 있는 Ladybird Readers의 워크시트는 원 저작권을 가진 출판사에서

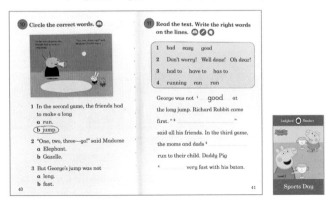

만든 활동지이기 때문에 책 속 이미지를 충분히 활용한 점, 풀컬러 버전, 다채로운 문제 형식, 신간이 주는 산뜻한 디자인 등을 장점으로 꼽을 수 있습니다.

단순한 문장을 바탕으로 한
독해력의 기초, Level 1

Level 1은 만 6~7세 아이들을 대상으로 하고 있습니다. 전체 48페이지 중 워크시트가 18페이지를 차지합니다. 간단한 문장에 현재시제와 형용사를 사용하고, 한 문장 안에 절은 최대 2개가 들어갑니다. 28권 중에 러시아 TV 애니메이션으로 세계적으로 사랑받고 있는 마샤와 곰(Masha and the Bear), 핀란드 작가 토베 얀손의 무민(Moomin)을 비롯해

Masha and the Bear   Moomin   Peppa pig   Peter Rabbit

페파 피그, 피터 래빗 등 아이들이 좋아하는 캐릭터를 사용해서 만든 책들이 13권 포함되어 있습니다. 대체로 영상을 바탕으로 제작된 책들이 많아 영상을 함께 활용해도 좋습니다.

과거시제의 등장과
독해력 키우기, Level 2

Level 2의 대상 연령은 Level 1과 같이 만 6~7세입니다. 최대 2개의 절을 포함한 단순한 문장 구조를 가지고 있습니다. 하지만 과거형과 간단한 부사가 포함된 문장이 나오기 시작하지요. 역시 48페이지 분량 중 18페이지가 워크시트입니다. 마샤와 곰, 페파 피그, 피터 래빗을 주인공으로 한 책이 많다는 점도 Level 1과 같습니다. 하지만 BBC earth의 실사를 이용한 논픽션 3권 등 전체 33권 중 7권이 논픽션인 점이 눈에 뜁니다.

내용 이해 스킬
한 단계 높이기, Level 3

Level 3는 만 7~8세 아이들을 대상으로 합니다. 권당 64페이지로, 문장 안에 최대 3개의 절이 포함된 경우도 있어 문장이 길고 복잡해지지요. 비교와 대조 등 보다 깊이 있는 내용 이해 스킬이 필요하며, 미래 시제와 축약형, 관계사절이 나오기 시작합니다. 22권 중 백설공주, 라푼젤, 장화 신은 고양이, 정글북 등 전래동화가 8권 포함되어 있습니다. 영국 작가 로알드 달의 책 3권도 레벨에 맞춰 쉽게 편집되어 들어가 있습니다.

읽기 수준이 낮은 초등 고학년에게
딱 맞는 단계, Level 4

Level 4는 유도적 읽기에서 독립 읽기로 넘어가는 아이들을 위한 레벨입니다. 미래시제, 조동사와 접속사 사용, 최대 3개 절이 포함된 다소 복잡한 문장 구조가 이 레벨의 특징입니다. 21권 중 Level 3에도 있었던 로알드 달의 책이 2권 포함되어 있고, 그 외 나머지 책은 대부분 전래동화입니다.

로알드 달의 『Esio Trot』은 원작의 렉사일 지수가 840L인데 반해, Ladybird Readers에서는 510L입니다. 그래서 인지 수준은 높으나 읽기 수준은 낮은 초등 고학년 아이들이 원작의 내용을 보다 쉽게 접할 수 있도록 도와줍니다.

| 『The Magic Finger』(Level 4)의 본문 |

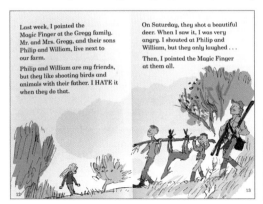

Last week, I pointed the Magic Finger at the Gregg family. Mr. and Mrs. Gregg, and their sons Philip and William, live next to our farm.

Philip and William are my friends, but they like shooting birds and animals with their father. I HATE it when they do that.

On Saturday, they shot a beautiful deer. When I saw it, I was very angry. I shouted at Philip and William, but they only laughed . . .

Then, I pointed the Magic Finger at them all.

| Ladybird Readers |

레벨	CEFR	어휘수	권수	페이지
Beginner	First Phrases	25~50	20	16
Starter	Pre-A1	50~100	17	32
Level 1		100~200	28	48
Level 2	A1	200~300	33	48
Level 3	A1+	300~600	22	64
Level 4	A2	600~900	21	64
Level 5		900~1,500	7	64
Level 6		1,500~2,000	7	56

정독하기 좋은 리더스

리드 잇 유어셀프
Read It Yourself

Ladybird Readers와 공통점이 많은 리더스로, Level 0~4, 5개 레벨, 128권이 나와 있습니다. 대체로 전래동화가 많은데, Ladybird Readers와 레벨 기준이 같고 책도 여러 권이 겹칩니다. 단, 이 시리즈는 책 속 워크시트가 2페이지 분량만 있습니다. 다독을 목적으로 읽고, 주요 어휘를 정리하거나 간단한 퀴즈를 푸는 용도로 좋은 리더스라는 뜻이지요. 낱권 구매가 가능하고, 책만 여러 권 묶인 형태도 구매할 수 있습니다. 책 4권과 가벼운 워크북 1권 구성이나 세이펜과 워크북, 학부모 가이드 등이 포함된 세트 상품 등 다양하게 나와 있어 선택의 폭이 넓다는 것 또한 이 시리즈의 장점입니다.

| 다양한 구성의 Read It Yourself |

러닝 캐슬
Learning Castle

📖 권수	**총 108권**
🔍 특징	**그림책, 리더스, 챕터북**

    Learning Castle은 언어세상에서 만든 온오프라인 통합 프로그램입니다. 앞서 소개한 Ladybird Readers가 책 혹은 책과 액티비티북 세트를 구매한 후 온라인에서 그림 카드, 정답지, 연극 대본, 오디오 음원 등을 다운받을 수 있었다면, Learning Castle은 책과 CD, 워크북을 산 후 온라인상에서 e-러닝을 할 수 있다는 점에서 차이가 있습니다. 워크북에는 고유의 온라인 학습번호가 있는데, 홈페이지에서 이 번호를 입력하면 온라인 학습을 할 수 있습니다.

    교재는 총 9단계 108권으로, 그 안에는 다양한 원서가 포함되어 있

정독하기 좋은 리더스

습니다. 보통 그림책이라고 말하는 원서부터 Step into Reading이나 Penguin Young Readers에 속한 리더스, Judy Moody와 같은 챕터북까지 골고루 포함되어 있습니다. 모든 책에 21페이지 분량의 워크북이 딸려 나오기 때문에 정독 수업에 활용하기 좋고, 워크북은 전체 풀컬러로 알차고 세련된 구성입니다.

| Learning Castle의 레벨표 |

Level	Junior A	Junior B	Junior C	Junior D	Senior A	Senior B	Senior C	Senior D	Senior E
그림책	●	●	●	●	●	●			●
리더스		●	●	●	●	●			
챕터북							●	●	●

온라인 프로그램
자세히 보기

Junior B 단계에 있는 『Cookie's Week』는 GRL 지수가 F, 렉사일 지수 360L입니다. 수채화풍의 그림이 아름다운 토미 드파올라(Tomie dePaola)의 그림책으로, 집 안 여기저기에서 말썽을 부리는 고양이 쿠키의 이야기입니다. 글밥이 많지 않음에도 파닉스 규칙에서 벗어나거나 긴 단어가 많아 책의 난이도가 다소 높게 정해졌지요.

이 책의 온라인 프로그램을 들어가보면, Vocabulary, Listening,

Reading, Writing의 네 가지 영역으로 나누어 다양한 활동을 제시하고 있습니다. Vocabulary에서는 영어 단어를 클릭하면 발음과 한글 해석을 보거나 단어의 소리를 듣고 이미지를 클릭하는 활동을 할 수 있으며, Listening에서는 문장을 듣고 빈칸을 채우는 받아쓰기나 질문을 듣고 답을 찾는 내용 이해 활동이 포함되어 있습니다. 글과 그림을 보고 답을 찾는 Reading, 문장을 완성하거나 북 리포트를 쓰는 Writing 활동까지 하면 점수가 나옵니다. 알차고 무난한 온라인 리딩 프로그램이라고 할 수 있습니다.

e-러닝에 특화된 홈페이지는 구매 독자에 한해 다양한 자료를 제공합니다. 〈러닝 캐슬〉 카테고리에서 도서명 검색으로 책을 찾아 퀴즈 학습을 할 수 있습니다. www.go-elibrary.co.kr

| 『Cookie's Week』의 온라인 프로그램 |

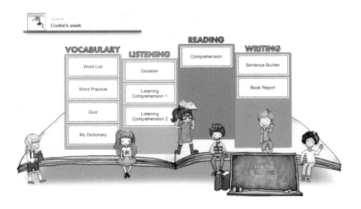

| Learning Castle |

	레벨	권수	교재 설명
1	Junior A	12	파닉스 직후 읽기, 쓰기 최초 단계
2	Junior B	12	독립적 리딩, 단문장 쓰기 도입 단계
3	Junior C	12	독립적 리딩, 복합문장 쓰기 심화 단계, 논리적 말하기 도입 단계
4	Junior D	12	미국 초등 1~2학년 수준의 리딩 레벨.
5	Senior A	12	논리적 글쓰기/비판적 말하기 도입 단계
6	Senior B	12	미국 초등 3~4학년 수준의 리딩 레벨.
7	Senior C	12	비판적 글쓰기 도입 단계
8	Senior D	12	미국 초등 5~6학년 수준의 리딩 레벨.
9	Senior E	12	챕터북. 비판적 글쓰기 심화 단계

읽기 연습의 시작, 리더스 시리즈

PART 4.

옛이야기로 만나는
전래동화 리더스

어스본 리딩
Usborne Reading

📊 렉사일 **180L~1140L (AR 6점대까지)**

📘 권수 **총 350권 이상**

📋 면수 **32~64페이지**

🔍 특징 **전래동화, 논픽션, 고전, 위인전**

USBORNE

Usborne Reading 시리즈는 2002년에 영국에서 출간된 후 전 세계적으로 1,000만 부 이상 판매된, 최고의 리딩 교재 중 하나입니다. 세련된 문장과 유머러스한 그림이 인상적인 이 시리즈는 First Reading 4개 레벨, Young Reading 3개 레벨 등 총 7개의 레벨로 이루어져 있습니다. 각 레벨은 주제, 문장과 글 전체의 길이, 문장 구조의 복잡성, 어휘의 난이도 등을 반영하여 세심하게 레벨링되어 있습니다. 특히 First Reading은 전래동화를 소재로 선택해서 아이들이 책의 내용을 쉽게 이해할 수 있도록 했습니다. Young Reading으로 넘어가면 논픽션과 고전,

위인전 등이 포함되고 챕터북 수준이 됩니다.

First Reading에는 책 속에 워크시트가 포함되어 있어 다독과 정독 모두 활용할 수 있습니다. 음원은 영국식과 미국식 발음이 동시에 제공됩니다. 우리나라의 투판즈 출판사에서 만든 워크북 세트도 유용합니다. 워크북 세트는 전체 80권으로 모두 컬러이고, 언어 학습을 꼼꼼하고 체계적으로 할 수 있도록 구성되어 있어 정독 교재로 활용하기에 좋습니다.

First Reading Level 2의 『The Dragon and the Phoenix』를 함께 볼까요? 중국의 서호(The West Lake)라는 유달리 반짝이는 아름다운 호수

홈페이지에서 일부 책에 한해 간단한 워크시트와 활용팁을 다운받을 수 있습니다. www.usborne.com

에 관한 전래동화입니다. 이 호수가 이렇게 빛나는 이유는 용과 불새가 반짝이는 돌을 호수 안에 넣었기 때문인데, 이 소중한 돌을 지키기 위해 용과 불새는 호수 주위를 떠나지 않았습니다. 그래서 호수를 둘러싼 두 개의 산 중 하나는 용을 닮고 하나는 불새를 닮았다고 합니다. 용과 불새를 표현한 그림이 섬세하면서도 아름다워 자연스럽게 동양의 문화에 대한 이해의 폭을 넓혀주는 책이지요.

책을 읽고 나면 책 속에 포함된 워크시트를 풀 수 있습니다. 이야기 순서 맞추기(퍼즐 1), 두 그림을 보고 다른 곳 찾기(퍼즐 2), 반대말 연결하기(퍼즐 3), 그림 보고 어휘 찾기(퍼즐 4) 등을 풀고 나면 정답지가 나옵니다. 마지막 페이지에는 전래동화의 유래에 대한 보충설명이 있는데, 아이가 직접 읽기에는 어려우니 따로 알려주는 것이 좋습니다.

| Usborne First Reading |

레벨	CEFR	렉사일	어휘수	권수	페이지
Level 1	A1	180~470L	150	25	32
Level 2	A1~A2	210~490L	250	49	32
Level 3	A2	340~540L	450	29	48
Level 4	A2~B1	340~600L	750	38	48

| Usborne Young Reading |

레벨	CEFR	렉사일	어휘수	권수	페이지
Level 1	B2	410~760L	1,000~1,500	62	48
Level 2	B2~C1	480~1040L	2,000~2,500	67	64
Level 3	C1	480~1140L	3,000~5,000	33	64

e-퓨처 클래식 리더스
e-future Classic Readers

CEFR	**Pre-A1** (AR 0~1점대)	
권수	**총 60권**	
면수	**24페이지**	
특징	**전래동화**	

e-future
Classic Readers

초등 1학년 수준의 전래동화 리더스 60권입니다. 총 6개 레벨이고, 레벨당 10권으로 구성되어 있는데, 레벨 간의 난이도 차이는 크지 않은 것이 특징입니다. 하지만 레벨이 높아질수록 전체 어휘수가 늘어나고 문장의 길이도 점차 길어져 자연스럽게 읽기의 유창성을 획득할 수 있습니다.

2015년에 출간된 책으로 홈페이지에서 스토리카드를 다운받을 수 있고, 유튜브에서 플래시 애니메이션으로 책의 내용을 다시 볼 수 있다는 점이 돋보입니다. 또한 책 속에 연극 대본이 있어 역할극을 하거나

책 내용을 다시 말하는 연습을 하기에 적합합니다. 책은 CEFR Pre-A1 수준으로 60권 모두 우리나라 초등 1학년이 출판사 공식 추천 연령입니다.

| e-future Classic Readers |

레벨	CEFR	어휘수	권수	페이지
Level 1		150	10	
Level 2		200	10	
Level 3	Pre-A1	220	10	24
Level 4		260	10	
Level 5		280	10	
Level 6		340	10	

홈페이지에서 낱권 구매도 가능하고, 회원가입 후 워크시트, 스토리카드, 음원 등을 다운받을 수 있습니다. www.e-future.co.kr

영 러너스 클래식 리더스
Young Learners Classic Readers

📊	CEFR	**A1~B1** (AR 1~5점대)
📖	권수	**총 60권**
📄	면수	**32~60페이지**
🔍	특징	**전래동화**

e-future Classic Readers에 이어서 하기에 꼭 맞는 전래동화 리더스로 2012년에 웅진컴퍼스에서 출간되었습니다. 총 6개 레벨, 60권 구성, 책 속에 연극 대본과 그림 사전 형태의 어휘 목록이 포함된 점이 e-future Classic Readers와 같으며, 레벨도 바로 연결됩니다. 또한 배경지식을 쌓는 데 도움이 되는 간단한 소개글이 있다는 점도 비슷합니다.

하지만 레벨 간의 수준 차가 크고, 홈페이지에서 음원을 무료로 들을 수 있으며, 워크북을 별도 구매할 수 있다는 점에서는 차이가 있습니다. 워크북의 구성은 깔끔하고 무난해서 아이들이 부담없이 풀 수 있

옛이야기로 만나는 전래동화 리더스

| 『Heidi』(Level 3)의 본문 |

습니다. 워크북이 없다면 다독 교재로, 있다면 정독 교재로 활용하는
것이 좋습니다.

| Young Learners Classic Readers |

레벨	CEFR	어휘수	권수	페이지
Level 1	A1	300	10	32~40
Level 2		500	10	36~44
Level 3	A2	800	10	36~44
Level 4		1,200	10	44~52
Level 5		1,700	10	44~52
Level 6	B1	2,500	10	52~60

웅진컴퍼스 홈페이지에서 검색창에 도서명을 검색하면 무료 음원과
어휘 목록 등의 자료를 얻을 수 있습니다. www.compasspub.com

옥스퍼드 클래식 테일즈
Oxford Classic Tales

𝗂𝗅𝗅	CEFR	**A1~B1** (AR 1~5점대)
🅱	권수	**총 40권**
🗐	면수	**24페이지**
🔍	특징	**전래동화**

　총 5개 레벨, 40권으로 이루어진 클래식 리더스로 최근에 개정판이 나왔습니다. 책 속에 액티비티와 퍼즐 데이터가 들어가 있어 간단하게 문제 풀이를 할 수 있으며, 그림 사전 형태의 어휘 목록이 포함되어 있습니다. 모두 아마존에서 e-북으로 구매가 가능하고 음원은 유튜브에서 검색을 통해 쉽게 찾을 수 있습니다. 책과 함께 구매하거나 유튜브에서 들을 수 있는 음원은 미국식 영어로 녹음되었는데 책의 난이도에 비해서는 다소 느린, 90wpm 전후입니다. 별도로 구매하는 워크북에는 연극 대본이 있으며, 책과 달리 워크북이 흑백이어서 아쉽습니다. 워크북

옛이야기로 만나는 전래동화 리더스

은 옥스퍼드 출판사에서 제작한 것으로, 외국에서 제작된 워크북의 경우 문제 유형이 다채로워 어렵게 느껴질 수 있는 반면, 지루함이 덜한 특징이 있습니다.

| Oxford Classic Tales |

레벨	CEFR	어휘수	권수	페이지
Level 1		500~700	12	
Level 2	A1	600~900	11	
Level 3		800~1,200	8	24
Level 4	A1~A2	1,500~1,600	5	
Level 5	A2~B1	2,300~3,000	4	

프린세스 핑크
Princess Pink

아이가 권선징악과 해피엔딩의 세계를 충분히 즐겼다면, 이제 전래동화의 익숙한 틀에서 벗어나 새롭고 다양한 시각으로 이야기를 바라볼 차례입니다. 리더스 단계를 넘어서 챕터북 단계까지, 패러디 전래동화의 세계로 들어가보겠습니다.

Princess Pink는 전체 80페이지이고 GRL 지수는 L(AR 2점대 후반)인 얼리 챕터북입니다. 카툰 스타일의 컬러북이라 아이들이 쉽게 손에 쥐고 읽기 시작하는데, 추천 연령은 7세부터 초등 3학년까지입니다. 총 4권이 출간되었는데, 일곱 명의 오빠 다음으로 태어난 귀한 막내딸 프린세스 핑크가 시리즈의 주인공입니다.

빵가게 주인이자 겁쟁이인 늑대에게서 빵을 훔친 오리 이야기 『Little Red Quacking Hood』, 사기꾼 자동차 판매상인 세 마리 퍼그에게 당하고 사는 어수룩한 늑대 구하기 『The Three Little Pugs』, 피자와 치즈 강 등 스낵으로 가득 찬 스낵 랜드의 거인을 만나는 이야기 『Jack and the Snackstalk』 등의 이야기를 선명하고 예쁜 그림으로 즐길 수 있습니다.

| Little Red Quacking Hood | The Three Little Pugs | Jack and the Snackstalk | Moldylocks and the Three Beards |

첫 번째 이야기인 『Moldylocks and the Three Beards』(2,136단어)를 살펴보겠습니다. 이름과 달리 공주와 핑크라면 질색을 하는 프린세스는 어느 날 밤 출출해서 냉장고 문을 열었다가 'The land of fake-believe'에 떨어지게 됩니다. 그리고 그곳에서 Mothermoose(마더구스를 변형해서 만든 캐릭터로 사슴)와 Moldylocks(골디락스를 변형해서 만든 캐릭터로 곰팡이가 연상되는 초록머리를 가진 소녀)를 만납니다. 여전히 배가 고픈 프린세스는 몰리락스의 제안대로 The Three Beard(털복숭이네) 집에 들어가서 칠리를 먹고, 2층에 올라가 침대에서 잠이 듭니다. 하지만 털복숭이 가족이 돌아오자 도망을 가게 되는데, 다행히 Tunacorn(머리에 참치를 얹은 유니콘처럼 생긴 동물)의 도움으로 집으로 가는 문을 열고 현실 세계로 돌아갑니다. 제목에서 짐작할 수 있듯이, 곰 세 마리 이야기의 패러디입니다. 이런 식으로 빨간 모자, 아기 돼지 삼형제, 잭과 콩나무 이야기를 킥킥 웃으며 읽을 수 있는 시리즈랍니다.

디 아더 사이드 오브 더 스토리
The Other Side of the Story

전체 24페이지, GRL 지수는 N(AR 2점대)인 책입니다. 부모가 읽어 준다면 초등 1학년도 이해할 수 있는 내용이지만 아이가 혼자 읽는다면 초등 2학년 이상이 권장 연령입니다.

2014년부터 출간된 책으로 15권으로 구성되어 있는데, 제목 그대로 관점을 바꾸어 전래동화를 바라보게 하는 시리즈 도서입니다. 어릴 때부터 요리하는 것을 좋아했던 통통하고 다정한 할머니 마녀가 헨젤과 그레텔을 구하는 이야기 『Trust Me, Hansel and Gretel Are Sweet!』, 죽 먹고 산책하는 것은 지겹고 골디락스와 침대에서 뛰어노는 것이 마냥 즐거운 아기곰 이야기 『Believe Me, Goldilocks Rocks!』, 공주병 중증인 빨간 모자와 할머니를 잡아먹어버린 배고픈 늑대 이야기 『Honestly, Red Riding Hood Was Rotten!』 등 반전 가득한 이야기가 한가득입니다.

그 중 한 권인 『Trust Me, Jack's Beanstalk Stinks!』(663단어)를 살펴보겠습니다. 어릴 때 재미있게 읽었던 잭과 콩나무 이야기를 어른이 되어 다시 읽어보니 상당히 불편합니다. 곰곰이 생각해보니 거인은 단지 자기 집에 살고 있었을 뿐인데 잭이 찾아와 황금 거위 등 온갖 보물을 훔쳐가는 이야기라는 것을 알아차렸기 때문이지요. 부엌에서 잭을 숨겨준 거인의 아내(혹은 어머니)에게 미안하게도 거인은 잭 때문에 결국 죽기까지 합니다. 그래서 최근 잭과 콩나무 이야기에는 거인이 원래 부자였던 잭의 보물을 훔쳤다는 설정을 넣어 잭의 행동을 정당화하기도 합니다.

이런 맥락에서 『Trust Me, Jack's Beanstalk Stinks!』는 철저하게 거인의 입장에서 잭과 콩나무 이야기를 재구성했습니다. 거인으로 사는 삶이 얼마나 힘든지, 아내가 자기 몰래 잭을 도와줘서 결국 집 안의 소중한 물건을 도둑맞게 된 사연이나, 잭을 쫓아갔다가 머리에 혹만 하나 달고 와서 속상하다는 식이지요. 새로운 시각으로 상황을 바라볼 수 있게 도와준다는 기본적인 장점뿐만 아니라 유머 넘치는 글과 그림도 재미있습니다. 이 외에도 신데렐라, 라푼젤, 미녀와 야수, 아기 돼지 삼형제, 백설공주, 개구리 왕자, 인어공주 등 유명한 전래동화들이 시리즈에 포함되어 있습니다.

| The Other Side of the Story |

  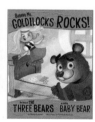 

Trust Me, Jack's Beanstalk Stinks!　　Trust Me, Hansel and Gretel Are Sweet!　　Believe Me, Goldilocks Rocks!　　Honestly, Red Riding Hood Was Rotten!

애프터 해필리 에버 애프터
After Happily Ever After

전체 48페이지이고 GRL 지수는 P(AR 4점대 초반)인 책으로 추천 연령은 초등 2학년 이상입니다. 2005년부터 출간된 책으로 14권으로 구성되어 있는데, "행복하게 잘 살았습니다"로 끝난 전래동화 그 이후를 다룬 챕터북 시리즈입니다. 악독한 새엄마에게 벗어나나 했더니 만만치 않은 시어머니를 만난 신데렐라 이야기 『Cinderella and the Mean Queen』, 헤어스타일을 바꾸고 싶은 라푼젤 이야기 『Rapunzel Lets Her Hair Down』 등 다양한 이야기들이 나와 있습니다.

그 중에서 『The Fairy Godmother Takes a Break』(1,363단어)는 신데렐라 이야기를 요정의 입장에서 풀어낸 책입니다. 요정(Fairy Godmother)은 정말 피곤합니다. 신데렐라를 포함해서 사람들이 온갖 소원을 가지고 요정을 찾아다니기 때문이지요. 그리고 누구에게도 고맙다는 인사를 들어본 적이 없습니다. 왜냐하면 이야기는 항상 "So they lived happily ever after."로 끝나거든요. 결국 요정 일을 그만두고 남편과 멀리 휴가를 떠나기로 결심하지요. 이야기가 끝난 그 후를 생각하고 다양한 각도에서 상황을 바라보게 하는 멋진 시리즈입니다.

| Cinderella and the Mean Queen | Rapunzel Lets Her Hair Down | The Ugly Duckling Returns | The Fairy Godmother Takes a Break |

시리어슬리 실리 스토리
Seriously Silly Stories

전체 64페이지이고 GRL 지수는 Q(AR 4점대)인, 영국에서 출간된 챕터북 시리즈입니다. 아마존 추천 연령이 만 9~11세이지만 저는 초등 2학년부터 중학생까지 즐길 수 있는 책으로 추천하겠습니다. 전래동화 관련 도서 중에서 제가 가장 좋아하는 시리즈인데, 아이와 부모가 함께 읽어보아도 좋습니다. 챕터북 수준임에도 그림이 많고 글은 상대적으로 적어 쉽게 읽을 수 있고, 책마다 반복적으로 나오는 챈트가 있어 더욱 재미있습니다.

1996~2009년에 총 18권이 출간되었는데, 처음 9권은 흑백이고 그 이후 9권은 컬러입니다. 그리고 늦게 출간된 컬러 버전 9권은 리더스 수준으로 난이도가 내려갑니다. 읽기 쉬운 것은 사실이나 흑백 갱지 버전에 비해 내용이 많이 순화되어 그만큼 재미도, 자극도 줄어든 부분이

있지요. 컬러 버전은 제목에 'Seriously Silly Colors'라고 적혀 있습니다. 온라인 서점에서 미국 영어 버전의 오디오북도 쉽게 구할 수 있습니다.

　모든 사람이 벌거벗은 나라의 임금님 이야기 『The Emperor's Underwear』, 잭의 엄마와 땅에 내려온 거인이 첫눈에 반해 결혼하는 이야기 『Daft Jack and the Beanstack』, 가수가 되고 싶은 백설공주와 일곱 외계인 이야기 『Snow White and the Seven Aliens』 등 상상을 초월하는 요절복통 이야기가 가득 담긴 시리즈입니다.

　시리즈 도서 중에서 『Cinderboy』를 살펴보겠습니다. 제목만 봐도 알 수 있지만 남자아이 버전의 신데렐라 이야기입니다. 신더보이는 의붓아버지와 의붓형제 사이에서 노예처럼 일하며 살고 있습니다. 신더보이네 가족은 모두 축구에 푹 빠져 있는데, 특히 로얄 팔라스(Royal Palace) 팀을 열렬히 지지하지요. 운명의 그날, 모든 식구들이 로얄 팔라스 팀이 출전한 결승전을 보러 경기장에 가버린 후, 불쌍한 신더보이는 온 집 안을 치우고 소파에 앉아 TV로 경기를 시청합니다. 하지만 로얄 팔라스 팀은 주장이 부상으로 실려 나가고 10-0으로 뒤진 상태로 전반전을 마칩니다. 그런데 TV 광고 시간, 화면에 TV Godmother이 나타납니다! 신더보이는 TV 요정의 도움으로 마스크를 쓰고 유리챙이 박힌 축구화를 신고 후반전 경기에 참여하게 됩니다. 결승골로 팀을 승리로 이끌지만 너무 열심히 뺑하고 공을 차는 바람에 유리챙이 박힌 축구화 한 짝이 벗겨지고 맙니다. 경기가 끝나면 마법이 풀리기 때문에 신더보이는 신발 한 짝을 운동장에 남기고 돌아오게 되지요. 그리고 너무나 당연하게도 구단주 에디 왕자는 축구화 한 짝을 들고 런던의 모든

| Cinderboy | The Emperor's Underwear | Daft Jack and the Bean Stalk | Snow White and the Seven Aliens |

집 문을 두드려 신더보이를 찾아냅니다. 정말 짜릿하게 기발한 패러디 전래동화지요?

이 외에도 라푼젤, 람플스틸스킨, 빨간 모자, 커다란 순무, 세 마리 염소, 골디락스와 곰 세 마리, 피리 부는 사나이 등 다양한 전래동화들을 재미있게 비튼 이야기들이 나와 있습니다.

왓에버 애프터
Whatever After

전체 169페이지이고 GRL 지수는 S(AR 3점대)인 챕터북 시리즈입니다. 지금까지 소개한 패러디 전래동화 중 가장 난이도가 높아 초등 3학년 이상이 권장 연령입니다. 2012년부터 출간된 책으로 현재 17권이 출간되었는데, 권당 어휘수가 3만 단어에 가까운 두터운 책입니다.

뉴욕타임스 베스트셀러 목록에 올라 있어 패러디 전래동화로는 가장 대중적으로 사랑받고 있는 책이기도 합니다.

거품으로 변할 예정인 인어공주를 구하는 이야기 『Sink or Swim』, 잠자는 숲 속의 공주 대신 물레에 찔려 잠들어버린 친구 로빈을 구하는 이야기 『Dream On』, 헨젤과 그레텔 대신 마녀에게 잡혀버린 애비와 조나의 마녀 탈출기 『Sugar and Spice』 등 스토리의 힘을 제대로 느낄 수 있는 재미있는 내용이 가득합니다.

그 중에서 1편인 『Fairest of All』(27,448단어)을 살펴보겠습니다. 이 야기의 주인공 5학년 애비는 이다음에 커서 판사가 되고 싶은 똑똑한 여자아이입니다. 낯선 동네로 이사를 가게 된 애비는 어느 날 우연히 남동생 조나와 지하실에 있는 거울을 통해 백설공주 이야기 속으로 빨려 들어가게 됩니다. 원작의 내용을 알고 있기 때문에 백설공주가 독사과를 먹지 않게 만들어 위기에서 구출하는 것은 좋은데 나비효과로 원작의 내용을 완전히 비틀어버려 생각지 못한 일들이 벌어지게 됩니다. 개연성 있는 전개와 전형적인 해피엔딩 결말에서 벗어나는 줄거리가 매력적인 작품입니다. 거울을 통해 다른 세상을 오가는 판타지와 동화를 배경으로 모험을 떠나는 어드벤처를 잘 버무렸다는 점에서도 어린이 독자들에게 사랑받기 충분한 시리즈입니다.

| Whatever After |

Fairest of All   Sink or Swim   Dream on   Genie in a Bottle

| 전래동화 리더스 종합 레벨표 |

학년	GRL	전래 동화			
유치	A		e-future Classic Readers		
	B				
	C				
	D				
초등 1학년	E				
	F	Oxford Classic Tales Level 1			
	G				
	H	Level 2	Young Learner's Classic Readers Level 1		
	I				
	J			Usborne First Reading 1	
초등 2학년	K	Level 3	Level 2	First Reading 2	
	L			First Reading 3	Princess Pink
	M	Level 4	Level 3	First Reading 4	
초등 3학년	N			Usborne Young Reading 1	The Other Side of the Story
	O		Level 4	Young Reading 2	
	P	Level 5	Level 5	Young Reading 3	After Happily Ever After
초등 4학년	Q		Level 6	Young Reading 4	
	R				Seriously Silly Stories
	S				Whatever After Series

| 리더스 종합 레벨표 |

학년	GRL	리더스				
		Ready-to-Read	Step into Reading	I Can Read		Penguin Young Readers
유치	A					
	B			My Very First		Level 1
	C	Ready-to-Go				
	D		Level 1			
초등 1학년	E			My First		
	F					
	G	Pre-Level 1				Level 2
	H		Level 2			
	I			Level 1		
	J	Level 1				
초등 2학년	K		Level 3		Level 2	Level 3
	L			Level 3		
	M	Level 2				
초등 3학년	N		Level 4			
	O			Level 4		Level 4
	P	Level 3				
초등 4학년	Q		Level 5			
	R					
	S					

144

학년	GRL	리더스				기타
		World of Reading	Ladybird Readers	Big Cat	Oxford Reading Tree	
유치	A		Beginner/Starter	Level 1	1	
	B					
	C					
초등 1학년	D	Pre-1	Level 1	Level 2~4	2~4	
	E					
	F					Trucktown
	G	Level 1	Level 2			Elephant & Piggie
	H			Level 5~7	5~7	
	I					
	J					
초등 2학년	K	Level 2	Level 3	Level 8~10	8~10	Arthur Adventure
	L					
	M	Level 3				Horrid Henry Early Readers
초등 3학년	N		Level 4			
	O		Level 5	Level 11~12	11~12	
	P		Level 6			
초등 4학년	Q					
	R					
	S					

145

CHAPTER 2.

독서가의 탄생,
　　　　챕터북 시리즈

다독에서 정독까지
챕터북 학습법

챕터북은 여러 장의 챕터로 나누어져 있고, 그림책이나 리더스보다는 그림의 비중이 낮지만 일반 단행본보다는 그림의 비중이 높은 책입니다. 챕터북을 읽는 연령은, 뉴욕타임스 베스트셀러 챕터북 리스트에 의하면, 만 6~12세, 혹은 그 이상입니다. 챕터북은 그동안 누런 갱지에 흑백으로 인쇄된 책들이 많았는데, 최근에는 흰 종이에 컬러로 인쇄된 챕터북도 쉽게 볼 수 있습니다.

비주얼 세대인 요즘 아이들이 읽는 최신 챕터북에는 그림의 비중도 점점 커지고 있습니다. 이는 피터 레이놀즈, 테드 아놀드, 아론 블레이비, 맥 바넷, 소피 블랙올, 댄 샌탯, 토니 로스 등 유명 그림책 작가들이 집필에 참여한 챕터북이나 그래픽 노블에서 더욱 두드러지는 특징이지요. 그래서 The Bad Guys 시리즈처럼 그림의 비중이 높은 챕터북을

'Illustrated Chapter Book'이라고 부른답니다.

챕터북은 수십 권이 시리즈로 구성되는 경우가 많습니다. 특히 독특한 세계관을 바탕으로 한 판타지나 어드벤처물은 아이가 읽고 이야기 속으로 깊이 빠져들기도 합니다. 등장인물의 캐릭터에 공감하고 책에 대한 애정도가 높아지면, 자연스럽게 다독의 길에 들어서게 되지요.

챕터북의 시작, 얼리 챕터북

얼리 챕터북은 챕터북에 비해 그림이 많고 글자수는 2,000자 전후로 적은 책을 말합니다. 그런데 그림이 많고 글자가 적다고 해서 일반 챕터북보다 훨씬 쉬운 것은 아닙니다. 글의 난이도가 챕터북과 비슷하거나 오히려 더 높은 얼리 챕터북도 있기 때문이지요. 얼리 챕터북인 Kung Pow Chicken이나 The Princess in Black은 챕터북인 Marvin Redpost나 Cam Jansen과 GRL 지수가 같습니다. 또, 얼리 챕터북인 Dragon Masters는 대부분의 챕터북보다 GRL 지수가 높고 글밥도 많습니다. 이처럼 얼리 챕터북은 무조건 쉬운 책이라기보다는, 책의 내용이 만 6세부터 저학년 아이들에게 적합하고 대체로 글밥이 적은 책을 말합니다. 그리고 그림의 비중이 높아 챕터북의 긴 호흡이 버거운 아이들을 위한 책으로 보는 것이 적절합니다.

본격적인 다독의 세계,
챕터북에서 아동 문학까지

얼리 챕터북으로 몸풀기를 했다면 본격적인 챕터북 읽기로 들어갑니다. 아이들은 이 시기에 좋아하는 시리즈 도서를 탐독하며 다독의 세계로 확실히 들어서게 됩니다. 재미있어서 책을 집어들게 되고, 읽을수록 더 잘 이해하게 되고, 그래서 책이 더 재미있어지는 선순환이 시작되는 거지요. 이때까지가 유도적 읽기 단계입니다.

초등 4학년 무렵부터는 독립 읽기에 들어가는데, 독립 읽기 단계에서는 무게중심이 챕터북에서 아동 문학으로 넘어가게 됩니다. 이제 책의 내용이 더욱 길어지고, 주인공의 나이도 초등 고학년이나 중학생이 됩니다. 20~30권이 시리즈로 나오는 챕터북과 달리 『Charlotte's Web(샬롯의 거미줄)』, 『Stuart Little(스튜어트 리틀)』, 로알드 달의 책 등 단행본이 주를 이룹니다. 이 단계에서 볼 수 있는 시리즈 도서로는 How to Train Your Dragon(드래곤 길들이기), The Chronicles of Narnia(나니아 연대기), Harry Potter 등이 있는데, 그 권수가 저학년 챕터북과 비교하면 대체로 적습니다. 물론 Diary of a Wimpy Kid(윔피 키드)나 Paddington처럼 예외적으로 10권을 훌쩍 넘는 시리즈 도서가 있지만 말이지요. 그리고 이 책들은 성인들이 보기에도 만만치 않은 수준입니다. 초등 고학년 단계의 아동 문학으로 급하게 넘어가기보다는 저학년 챕터북 단계를 단단하게 밟고 올라갈 것을 권합니다.

첫 권은 정독으로,
나머지는 다독으로 접근할 것

챕터북은 대체로 워크북이 없습니다. 영어를 모국어로 사용하는 아이들이 본격적으로 다독에 들어가는 시점에 접하는 책이기 때문이지요. 하지만 외국어 학습자인 우리 아이들에게 챕터북은 조금 더 전략적으로 섬세하게 접근하는 것이 좋습니다. 저는 얼리 챕터북과 챕터북 단계에서 각 시리즈의 첫 권, 혹은 둘째 권까지는 정독으로 읽고, 나머지 책으로 다독을 하는 것을 추천합니다.

책을 읽는 데 속도가 너무 느리면 다독의 장점을 제대로 살리기가 힘들겠지요? 아이가 150wpm 이상 속도로 책을 읽으면 다독의 흐름을 잘 타고 있다고 여기면 됩니다. 모르는 단어가 없고 어렵다고 느끼지 않는 책일지라도 그 이하의 속도로 책을 읽는다면 조금 더 쉬운 책을 읽으며 속도를 높이는 것이 좋습니다. 이 책에서 소개하는 챕터북 시리즈마다 150wpm을 기준으로 읽을 때 얼마의 시간이 걸리는지 독서 시간을 제시했으니 참고하시기 바랍니다.

시리즈 도서는 대체로 일정한 틀 안에서 에피소드 중심으로 움직이기 때문에 한 편을 다 읽고 정형화시킨 틀로 책의 내용을 정리해보는 것이 영어 학습에 도움이 됩니다. 예를 들어, Nate the Great나 A to Z Mysteries와 같은 탐정물이라면 책을 읽은 후 탐정물 특유의 이야기 구성요소인 사건, 용의자, 단서, 동기 등을 한 장에 정리하는 활동을 할 수 있습니다. Magic Tree House와 같은 모험물도 시간적, 공간적 배경,

위기 상황, 도움을 받는 방식, 위기를 극복하는 데 도움이 된 사물 등이 늘 일정한 패턴으로 나옵니다. 그래서 책을 읽고 나서 독후감을 쓰듯 같은 형식으로 정리해볼 것을 권합니다.

아예 챕터북 전체 시리즈가 워크북과 함께 나와 있는 경우도 있습니다. 롱테일북스에서는 원서 Nate the Great, An Arthur Chapter Book, Flat Stanley에 워크북과 CD를 더한 버전을 출간했습니다. 워크북에는 간단하게 단어장과 내용 이해 퀴즈가 들어 있고, 책에 따라 한국어 번역이 포함되어 있는 것도 있습니다. 하지만 한글로 번역된 글이 옆에 있으면 아무래도 해석본을 보기가 쉬우니 해석본은 꼭 필요할 때만 사용하는 것이 좋겠습니다. 음원은 귀를 틔울 수 있는 140~145wpm 전후의 음원과 함께 읽거나 따라 읽기를 할 수 있는 100~110wpm의 음원, 2개로 구성되어 있습니다.

챕터북 단계
음원 활용법

이 책에서 소개하는 챕터북 시리즈들은 모두 음원이 있습니다. Fly Guy, Mercy Watson을 제외하고는 모두 120~150wpm 속도입니다. 이 속도는 일상에서 틀어놓고 듣는 흘려듣기, 음원을 틀어놓고 눈으로 읽는 집중듣기 모두 좋습니다. 소위 귀를 틔우는 데에 큰 도움이 되는 속도이지요.

음원을 틀어놓고 책을 보면서 소리내어 읽는 섀도 리딩, 책 없이 귀로만 들으며 따라 말하는 섀도 스피킹은 아이에 따라 혹은 음원의 속도에 따라 약간의 변수가 있습니다. 속도가 빠른 The Zack Files, Judy Moody 같은 책들은 혀가 꼬여서 따라하기 어려울 수 있습니다. 섀도 리딩, 섀도 스피킹에는 Fly Guy, Mercy Watson, Magic Tree House, ivy + BEAN처럼 120wpm 전후 혹은 그 이하인 책들이 따라 말하기에 딱 좋습니다.

Q 영어학원에서는 리더스, 챕터북을 어떻게 수업에 활용하나요?

리더스나 챕터북을 아이들과 함께 읽은 후 어휘, 내용 이해, 쓰기 등의 학습을 하는 경우가 많습니다. 기본적으로 워크시트가 필요한 학습 방식이므로 학원에서 자체 제작한 워크북을 사용하거나 워크북이 함께 있는 책을 사용하지요. 국내 출판사에서 제작한 리더스들이 교재로 선택되는 경우가 많은데, 워크북에 더해 온라인상에서 단어 테스트나 쓰기용 워크시트를 쉽게 다운받아 활용할 수 있기 때문입니다. 그 외에도 옥스퍼드 출판사에서 나온 리더스들도 워크북을 포함하고 있어 자주 사용되는 편입니다.

경우에 따라 아이들이 책을 완독하는 것에 목표를 두고 수업을 진행하기도 합니다. 아이들이 아직 책을 유창하게 못 읽는 경우는 물론이고, 현재 아이들의 수준보다 높은 수준의 책을 선택한 경우에는 완독을 목표로 천천히 다 함께 책을 읽게 됩니다.

보통 정독을 기본으로 수업을 진행하는 일반 어학원이나 교습소와 달리 영어도서관은 다독을 기본으로 하고 있습니다. 레벨 진단 후 아이의 리딩 레벨을 고려한 맞춤식 리딩에 초점을 맞추고 있지요. 아이가 제 수준에 맞는 책을 많이 읽도록 유도한 후 퀴즈나 쓰기 등의 학습 활동을 하는 경우가 많습니다.

어학원, 교습소, 공부방, 영어도서관 등 어느 기관에서 영어 수업을 받던지 간에 어휘, 내용 이해, 유창성 연습, 쓰기 등을 체계적으로 할 수 있는 온라인 독서 프로그램으로 학습을 보완하고 독서량을 늘리는 것이 현재의 추세입니다.

PART 1.

적응 단계를 위한
얼리 챕터북

플라이 가이
Fly Guy

📶 GRL	**F~K (AR 1점대 후반)**	
📄 구성	**총 20권, 32페이지 내외**	
Ⓐ 어휘수	**324개 (『Hi! Fly Guy』 기준)**	
▷ 음원 속도	**70~80wpm**	

　일반적으로 얼리 챕터북이라고 부르지만 리더스나 그림책에 더 가까운 책입니다. 권당 어휘수가 300개 전후로, 보통 2,000개 정도인 다른 얼리 챕터북보다 훨씬 적고 글의 난이도도 낮습니다. 하지만 한 권을 읽는 데에 생각보다 속도가 안 날 수 있습니다. 독특하고 유머러스한 테드 아놀드(Tedd Arnold)의 그림을 자꾸 보게 되거든요. 읽다 보면 정말 킬킬거리며 웃게 되는, 즐거움과 반전이 가득한 책이랍니다.

　시리즈 도서 중 『Hi! Fly Guy』와 『I Spy Fly Guy!』는 가이젤상 은상 수상작이기도 합니다. 그래서 챕터북에 본격적으로 들어가기 전, 징검

I Spy Fly Guy!   There Was an Old Lady Who Swallowed Fly Guy   Buzz Boy and Fly Guy   Prince Fly Guy

다리로 읽기에 딱 좋은 책이 바로 이 Fly Guy 시리즈입니다.

전래동요를 패러디한 『There Was an Old Lady Who Swallowed Fly Guy』, 『Prince Fly Guy』, 코믹북 스타일의 『Buzz Boy and Fly Guy』, 사랑에 빠진 플라이 가이 이야기 『Fly Guy Meets Fly Girl!』, 거인으로 변해버린 플라이 가이 이야기 『Attack of the 50-Foot Fly Guy!』 등 지루함이라고는 찾아볼 수 없는 다양한 이야기가 가득합니다. 미식축구(Football), 견학(Field Trip), 통학버스(School Bus), 깜짝 파티(Surprise Party), 급식실(Lunchroom) 등 미국 현지 생활상에 대한 배경지식을 자연스럽게 쌓을 수 있다는 점도 이 시리즈의 매력입니다. 1편을 제외한 다른 책들은 순서에 상관없이 읽어도 됩니다.

최근 새로 나온 음원은 상황에 꼭 맞는 배경음악이 오케스트라 연주곡처럼 깔리고 다양한 의성어들이 나와 귀가 호강하는 느낌입니다. 속도가 느려 집중듣기용으로는 적합하지 않고, 흘려듣기나 섀도 리딩을 하기에 최적화된 음원입니다.

기발하고 익살스러운
이야기의 힘

Fly Guy 시리즈의 주인공은 모범생 버즈와 그의 반려동물 파리 플라이 가이인데, 이 두 주인공을 중심으로 기발하고 익살스러운 이야기가 펼쳐집니다. 모든 것을 함께 하는 버즈와 플라이 가이지만, 바람만 세게 불어도 날아가고 대부분의 사람들이 보기만 해도 죽이려고 드는 플라이 가이 때문에 사건 사고가 끊이지 않습니다. 이 우스꽝스러운 위기 상황은 연약한 '슈퍼히어로' 플라이 가이가 대부분 해결합니다. 다분히 악동 기질이 있는 플라이 가이와 순둥이 모범생 버즈의 조합이 재미를 더하지요.

가령, 『I Spy Fly Guy!』는 버즈와 플라이 가이 둘이서 숨바꼭질을 하다가 쓰레기통에 숨은 플라이 가이가 쓰레기 하치장에 가게 된 이야기입니다. 버즈가 아빠를 재촉해서 얼른 쓰레기 트럭을 따라가지만 수백만 마리의 파리들이 "Buzz~~~"를 외치는 쓰레기 하치장에서 망연자실하고 말죠. 버즈는 플라이 가이를 어떻게 찾게 될까요? 쓰레기 더미를 헤치고 다니는 버즈와 여전히 숨바꼭질 삼매경인 플라이 가이의 모습이 배꼽을 잡게 합니다.

아이들이 쉽게 공감할 수 있도록 일상을 배경으로 하면서도 실제와 환상을 자유롭게 오가며 다양한 이야깃거리, 생각거리를 주는 시리즈입니다.

시리즈 정독 가이드
『Hi! Fly Guy』

학교에서 열리는 반려동물 대회에 참가하기 위해 반려동물을 구하러 길을 나선 버즈는 잠자리채부터 낚싯줄, 새장 등 모든 준비를 갖추고 있는 모습입니다. 마침 파리 한 마리가 먹을 것을 찾으러 날아다니다가 버즈와 딱 부딪히고 맙니다. 이때 버즈는 파리를 유리병 속에 가두게 되지요. 화가 난 파리에게서 들리는 "Buzz~(붕~)" 소리! 버즈는 자기 이름을 말하는 똑똑한 반려동물을 가지게 되었다며 무척 기뻐하면서 집으로 돌아갑니다. 여기까지가 1장입니다.

부모님에게 파리를 반려동물로 인정받는 과정에서 버즈는 아빠의 파리채로부터 파리의 목숨을 구해줍니다. 맛있는 핫도그를 점심으로

| 『Hi! Fly Guy』의 본문 |

Buzz was sad.
He opened the jar.
"Shoo, Fly Guy," he said.
"Flies can't be pets."

But Fly Guy liked Buzz.
He had an idea.
He did some fancy flying.

주면서 둘 사이에 우정이 싹트게 되지요. 버즈는 파리에게 플라이 가이라는 이름을 지어주고 예쁜 유리병 집도 만들어주면서 2장이 끝납니다.

3장은 대회 심사위원들이 파리는 해충이라 참가할 수 없다고 말하는 데서 이야기가 시작됩니다. 버즈가 좋아진 플라이 가이는 버즈 이름 말하기, 자기 집 찾기, 멋지게 날아다니기 등의 묘기를 선보이며 대회에 나갈 자격을 얻고, 결국 가장 똑똑한 반려동물로 선정됩니다. 1장과 2장에서는 버즈와 버즈의 부모님이 약간 괴상하다고 여겨지는 정도였다면 3장에서 비로소 이 이야기가 판타지라는 것이 드러납니다. 그러면서 버즈와 플라이 가이의 우정이 어떻게 시작되었는지, 둘의 성격이나 주변 환경에 대한 배경지식을 쌓게 되지요.

Fly Guy 시리즈를 펴낸 스콜라스틱 출판사 홈페이지에는 여러 가지 활동자료를 제공하고 있으니, 정독에 활용해보아도 좋겠습니다. 챕터별로 내용 요약하기, 전체 내용 요약하기, 나의 반려동물 그리기와 설명하기, 주요 어휘 목록과 영영사전식 풀이, 내용 이해에 도움이 되는 질문 목록 등이 나와 있어 책을 차근차근 살펴볼 수 있도록 도와줍니다.

스콜라스틱 출판사 홈페이지에서 Fly Guy 시리즈의 활동자료 페이지로 찾아가는 것이 어렵습니다. 쉽게 찾을 수 있도록 QR코드로 바로가기를 만들었으니 활용해보세요.

테드 아놀드의
작품 세계

테드 아놀드 작품은 말장난(pun, 다의어 혹은 동음이의어 등을 이용한 말장난), 상황 과장, 유머러스한 그림을 특징으로 합니다. 일단 버즈(Buzz)라는 이름부터 그렇지요. 벌이나 파리 등이 날아다니는 소리인 "Buzz"가 주인공의 이름이 되다니, 이 아이디어 하나만으로도 충분히 매력적입니다. 그리고 /z/로 끝나는 모든 단어들은 플라이 가이가 발음할 수 있는 말들이 됩니다. heroes는 herozzzz가 되고, bad news는 bad newzzzz가 되는 식으로 말이지요. 두운이 맞는 단어들도 많이 나와 플라이 가이의 /z/ 소리와 함께 저도 모르게 소리 내어 읽고 싶어지는 것도 이 책이 아이와 어른 모두에게 널리 사랑받는 이유 중 하나입니다.

아이가 Fly Guy 시리즈를 좋아한다면 별것 아닌 일로 호들갑 떠는

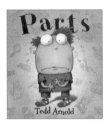

Parts   More Parts   Even More Parts

이야기로 가득한 테드 아놀드의 그림책 Parts 시리즈도 추천합니다. 관용어구와 속담, 격언으로 가득한 책인데 GRL 지수가 M이라 Fly Guy 시리즈보다 난이도가 높습니다. 하지만 그림을 보는 것만으로도 그 가치가 충분한, 제가 강력하게 추천하는 그림책입니다.

Ⓠ 온라인에서 하기 좋은 챕터북 독후활동을 소개해주세요.

챕터북을 읽은 후 간단히 내용 이해 퀴즈를 풀어볼 수 있습니다. 내용 이해 퀴즈는 구글 검색으로 쉽게 찾아볼 수 있습니다.

예를 들어, 검색창에 'Fly Guy Quiz'로 검색하면 Fly Guy 시리즈의 퀴즈 사이트가 주르륵 뜹니다. 거의 대부분 회원가입 없이도 바로 퀴즈를 풀어볼 수 있으니 꼭 활용해보세요. Fly Guy뿐만 아니라 다른 챕터북들도 모두 같은 방식으로 검색해서 찾아 들어가면 됩니다.

● **대표적인 퀴즈 사이트**
　https://quizizz.com
　www.goodreads.com
　www.softschools.com

머시 왓슨
Mercy Watson

📊	GRL	**K (AR 2점대 후반)**
📖	구성	**총 6권, 80페이지 내외**
🅐	어휘수	**2,202개 (「Mery Watson Goes for a Ride」 기준)**
▷	음원 속도	**100wpm**
◎	독서 시간	**15분**

　파스텔톤의 예쁜 컬러 그림이 거의 모든 페이지에 나오고, 갱지가 아닌 흰 종이를 사용한 얼리 챕터북입니다. 미국의 평화로운 시골마을 데코우 드라이브에 살고 있는 왓슨 부부와 그들의 천방지축 반려동물 머시가 벌이는 재미있고 따뜻한 에피소드로 가득 찬 책입니다. 총 6권의 책이 나와 있으며, 그 중 두 번째 이야기인 『Mercy Watson Goes for a Ride』는 2007년 가이젤상 은상을 수상했지요.

　문장 구조가 단순하고 챕터당 4페이지, 전체 14개의 챕터로 짧게 나누어져 있으며, 컬러풀한 그림, 코믹한 이야기 전개 등 가볍게 읽을

| Mercy Watson to the Rescue | Mercy Watson Fights Crime | Mercy Watson: Princess in Disguise | Mercy Watson Thinks Like a Pig |

수 있는 책이라는 느낌이 듭니다. 하지만 읽다 보면 의성어, 관용어구가 많이 나오고 난이도가 높은 어휘도 제법 나옵니다. 새로운 인물이 추가되는 구성이라 순서대로 읽는 것이 좋습니다.

책과 함께 구매할 수 있는 음원의 속도는 100wpm인데, 음원을 들으면서 같이 읽기 좋고, 얼리 챕터북을 읽는 수준의 아이들이 책을 덮고 귀로 들으며 섀도 스피킹을 하기에 완벽한 속도입니다. 감정이 풍부하고 매끄러운, 아주 매력적인 남성의 목소리로 녹음되어 있습니다.

왓슨 부부와 반려동물 머시의
유쾌한 소동

아이가 없는 왓슨 부부는 머시를 "porcine wonder(경이로운 돼지)"라고 부르며 자식처럼 애지중지 키웁니다. 머시는 식탁에서 한 자리를 차지하고, 자기 방과 침대도 가지고 있지요. 토요일마다 왓슨 씨와 과격

한 드라이브를 하고, 할로윈 때는 공주 복장을 하고 사탕을 얻으러 다니기도 합니다.

그런데 이 시리즈에 정말 중요한 또 하나의 존재가 있습니다. 바로 "hot buttered toast"입니다. 김이 모락모락 올라오는 갓 구운 토스트에 버터를 듬뿍 발라서 한 접시에 스무 장 정도를 위태롭고도 푸짐하게 담아놓은 장면을 상상해보세요. 따뜻한 부엌을 가득 채운 고소한 버터 냄새가 나는 것 같지요? 이야기가 어떻게 시작하든 마지막은 항상 왓슨 부인의 푸짐한 버터 듬뿍 토스트로 끝난답니다. 그래서 Mercy Watson 책을 읽고 나면 칼로리 생각하지 않고 버터가 올려진 풍미 가득한 토스트 생각이 간절해집니다.

재미있는 점은 이 이야기 속 머시는 플라이 가이와는 다르게 처음부터 끝까지 '진짜' 돼지라는 점입니다. 다른 돼지들보다 좀 더 영리하고 사랑스러운 돼지일 뿐이지요. 이야기는 모두 실제이고 환상이 아니라서 더욱 흥미롭고 아슬아슬합니다.

시리즈의 주요 등장인물로 천방지축 돼지 머시, 버터 듬뿍 토스트를 사람들에게 대접하기 좋아하는 왓슨 부인, 드라이브를 좋아하는 왓슨 씨가 있습니다. 주요 조연으로는 옆집에 사는 유지니아와 베이비 링컨 자매가 있는데, 머시를 싫어하는 깐깐한 유지니아와 달리 베이비는 푸근한 성격에 언니 몰래 머시를 좋아하는 캐릭터입니다. 그 외에도 소방관 네드와 로렌조, 경찰관 토미렐로, 동물 관리 공무원 프랜신, 이웃집 남매 프랭크와 스텔라 등이 있습니다.

시리즈 정독 가이드
『Mercy Watson Goes for a Ride』

왓슨 씨 가족은 토요일마다 특별한 점심을 먹는데, 식사 후에 왓슨 씨와 머시는 늘 같이 드라이브를 갑니다. 그런데 왓슨 씨의 행복한 드라이브는 운전을 하고 싶어 하는 머시의 말썽으로 위험에 처합니다. 설상가상으로 과속을 해 경찰관 토미렐로에게 쫓기게 되는데, 다행히 차에 몰래 타고 있던 이웃 베이비 링컨의 도움으로 위기를 벗어나게 됩니다. 한바탕 난리 끝에 다같이 안전하게 집으로 돌아와 왓슨 부인의 푸짐한 토스트를 먹으며 이야기가 마무리됩니다.

1950년대 분위기를 물씬 풍기는 유쾌한 이야기인데, 쉽게 읽을 수 있다고 하기에는 책 속에 나오는 자동차 관련 용어들의 수준이 꽤 높습니다. convertible(컨버터블), ignition(점화장치), passenger(승객), behind the wheel(운전석), driveway(진입로), highway(고속도로), speeding(과속),

| 『Mercy Watson Goes for a Ride』의 본문 |

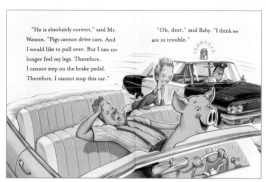

적응 단계를 위한 얼리 챕터북

steering wheel(핸들), officer(경찰관), pull over(길 한쪽에 차를 대다)와 같은 어휘는 자동차 관련 도시를 읽을 때에만 만닐 수 있는 어휘로, 꼭 일 아두어야 할 어휘이기도 합니다. 챕터북은 다독을 기본으로 하지만, 이렇게 아이가 문맥으로 파악하기 어려운 어휘들은 한 번 짚어주는 것이 책 읽기를 지속할 수 있는 바탕이 됩니다. Mercy Watson 시리즈는 『Mercy Watson Goes for a Ride』만 어휘를 따로 짚어주고 나머지 책은 아이가 혼자서 읽도록 이끌어주면 됩니다.

홈페이지에는 간단한 메모리 게임과 수업 활동자료를 다운받아 사용할 수 있습니다. 6권 모두 상세한 레슨 플랜이 포함된 PDF가 있답니다. 책에 따라 그림 카드, 연극 대본, 역할극용 마스크가 있기도 합니다.

매 권마다 다르기는 하지만, 기본적으로 어휘 학습, 내용 이해 질문, 다양한 쓰기 워크시트를 다운받을 수 있습니다.
www.mercywatson.com

| 홈페이지에 있는 다양한 활동자료들 |

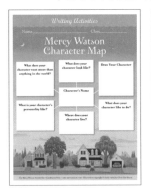
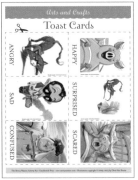

작품성을 인정받은 작가,
케이트 디카밀로

Mercy Watson의 저자 케이트 디카밀로(Kate DiCamillo)는 가이젤상과 뉴베리상을 수상한 미국의 대표 작가로 2014년에는 청년문학대사*에 지명되기도 했습니다. 『에드워드 툴레인의 신기한 여행』의 작가로도 유명하지요. 아이가 Mercy Watson 시리즈를 즐겁게 읽었다면, Bink & Gollie 시리즈도 추천합니다. 1편은 2011년 가이젤상 금상 수상작인데, 두 친구가 서로의 차이를 인정하고 받아들이는 과정을 유머러스하게 그려낸 수작입니다. 시리즈 전체 도서는 3권으로, 권당 80페이지 내외입니다. 책의 수준은 초등 2학년 중반으로 Mercy Watson 시리즈와 비슷하지만 전체 어휘수는 Mercy Watson의 절반에도 못 미쳐 더 짧은 호흡으로 읽을 수 있답니다.

| Bink & Gollie |

Bink & Gollie   Bink & Gollie: Bink & Gollie: Best
Two for One   Friends Forever

---

* National Ambassador for Young People's Literature, 미국 시민권자로 2년에 한 번씩 청년문학에 기여한 사람에게 주는 상입니다.

네이트 더 그레이트
Nate the Great

📊	GRL	**K (AR 2점대)**
📄	구성	**총 29권, 80페이지 내외**
Ⓐ	어휘수	**1,594개** (『Nate the Great』 기준)
▷	음원 속도	**120~130wpm**
◎	독서 시간	**16분**

    Nate the Great는 전체 29권으로 이루어진 가장 대표적인 얼리 챕터북입니다. 리더스에서 챕터북으로 넘어갈 때 읽기 딱 좋은 책으로 무겁지 않은 주제와 탐정물 특유의 논리적인 구성이 매력적인 시리즈입니다. 1972년 첫 출간되어 지금까지 나오고 있는데, 실제로 챕터가 나뉘진 것은 최신작 9권이고, 그 이전 20권은 챕터 구분 없이 나왔습니다.

    50년 가까이 책이 출간되면서 흑백과 컬러 버전이 혼재되어 있고, 각 권의 분량도 60~96페이지까지 다양합니다. 그래서 권당 어휘수도

Nate the Great and the Lost List

Nate the Great and the Missing Key

Nate the Great and the Phony Clue

Nate the Great and the Hungry Book Club

2,000~4,000여 개에 이르는 등 들쑥날쑥하지요. 그래도 각 권의 난이도는 다소 쉬운 1편을 제외하면 모두 렉사일 지수 500L 정도로, 각 권마다 분량의 차이는 크지만 난이도 차이는 크지 않습니다. 스토리가 연결되는 게 아니어서 반드시 순서대로 읽을 필요는 없지만, 등장인물이 차례로 추가되고, 또 최신작 9권은 글자수가 많으니 이를 감안해서 읽는 순서를 정하는 것이 좋습니다.

이 시리즈는 자신이 탐정이라며 콧대를 세우는 네이트의 1인칭 시점에서 진행됩니다. "My name is Nate the Great. I am a detective."가 1편의 첫 문장입니다. 네이트는 자신이 위대한 탐정이라고 생각하기 때문에 스스로 자신의 이름 뒤에 the Great를 붙여 'I, Nate the Great'라는 말을 사용합니다.

사실 the Great라는 표현은 주로 위대한 왕에게 붙이거든요. 알렉산더 대왕이나 세종대왕 정도 되어야 the Great라는 말을 붙일 수 있는데, 스스로에게 '위대한'이라는 칭호를 붙인 첫 문장에서 벌써 웃음이 터집니다.

책은 이 똑똑하고 귀여운 이이가 사건을 해결해나가는 과정을 담고 있는데, 의외로 제대로 된 탐정물의 흐름을 가지고 있답니다. 물론 여기서 해결을 요하는 사건이란 주로 누군가가 잃어버린 풍선, 책, 슬리퍼, 그림 등을 찾는 수준이기는 합니다. 문장 구조가 단순하고, 아이들의 일상을 다루고 있어 이해하기 쉬우며, 캐릭터들의 개성이 강해 재미를 더합니다.

참고로 Nate the Great의 성공에 힘입어 네이트의 사촌인 올리비아 샤프가 주인공인 Olivia Sharp: Agent for Secrets 시리즈도 5권 나와 있습니다. Nate the Great의 여자아이 버전인데, 렉사일 지수가 520L~600L 사이에 있어 약간 더 어려우니 Nate the Great 다음에 읽는 것이 좋습니다.

음원은 캐릭터의 특징을 살린, 자신만만하지만 너무나 귀여운 남자아이의 목소리로 녹음되어 있습니다. 속도는 120~130wpm인데 구간에 따라 150wpm이 되는 경우도 있어 속도감이 있습니다. 집중듣기를 하면 자연스럽게 귀를 틔울 수 있어 강력하게 추천하고 싶은 오디오입니다. 기본적으로 유머가 깔려 있는 데다 주인공들의 나이가 어려 남자 성우가 어린 소녀인 애니나 로자몬드의 목소리를 흉내 내는 것을 들으면 저절로 웃음이 나오는 소소한 재미도 있습니다.

재미를 더하는
개성 강한 캐릭터들

이런 시리즈 도서는 주인공의 캐릭터가 정말 중요합니다. 내용을 더 잘 이해할 수 있도록 도와주는 것은 물론이고 주인공과 공감하면서 책에 더 몰입하게 되거나 주요 등장인물을 분석하며 타인을 더 잘 이해할 수 있기 때문이지요. 그런데 Nate the Great는 네이트의 1인칭 시점 책이고, 사실 네이트는 탐정 역할에 깊이 빠져 있는 남자아이라 다른 사람의 감정 등을 세심하게 살피지 않습니다. 네이트가 한 말 중 인상적인 표현이 있습니다.

"I work alone.(난 혼자서 일해.)"
"I would like Annie if I liked girls.(내가 여자아이를 좋아했으면 애니를 좋아했을 거야.)"

그래서 책에 등장하는 또래 친구들은 밖으로 드러난 아주 객관적인 사실 혹은 다분히 네이트의 주관적인 시각에서 묘사되어 다소 평면적인 인물로 나오게 되지요. 애니는 크고 사나운 개, 팽의 주인인 흑인 소녀인데, 성격이 무난하고 잘 웃는 캐릭터입니다. 로자몬드는 검정색의 긴 머리를 늘어뜨린 초록 눈의 아이인데, 정적인 모습에 주로 원피스와 메리제인 구두를 신고 있지요. 로자몬드가 키우는 고양이들도 검은색에 초록 눈, 긴 발톱을 가지고 있습니다. 고양이들의 이름도 심상치 않

적응 단계를 위한 얼리 챕터북

은데, Super Hex, Big Hex, Plain Hex 그리고 Little Hex입니다.

한편 네이트는 쓰레기통을 뒤져 팬케익을 먹고 있던 떠돌이 개를 발견하고 'my kind of dog'이라고 생각해서 집에 데리고 옵니다. 슬러지라는 이름도 붙여주지요. 슬러지는 네이트를 닮았는지 팽을 무서워하지만 충실하게 네이트의 조수 역할을 합니다.

이웃에 사는 올리버는 여러 모로 독특한 캐릭터입니다. 어린이책에 나오는 캐릭터답지 않게 상당히 부정적인데, 온 세상을 스토킹하는 병적인(!) 캐릭터랍니다. 주변의 모든 사람들을 스토킹하기 때문에 누군가를 찾으려면 올리버에게 물어보면 될 정도이지요.

시리즈 정독 가이드
『Nate the Great』

시리즈의 1편 제목은 『Nate the Great』입니다. 네이트는 어느 날 이웃에 사는 애니의 사건 의뢰 전화를 받습니다. 애니는 자신의 반려견 팽을 그린 그림을 잃어버렸다고 하네요. 네이트는 프로답게 탐정 복장을 하고(사실은 비옷입니다) 엄마에게 메모를 남긴 후 집을 나섭니다.

애니는 전날 노란색으로 팽을 그렸는데 그 그림을 잃어버렸다고 합니다. 네이트는 어제 그 그림을 본 팽, 애니의 동생 해리, 애니의 친구 로자몬드를 용의자로 판단합니다. 먼저, 팽의 동선을 따라 뒤뜰을 파헤쳐보았지만 그림을 찾지 못했지요. 빨간색으로만 그림을 그리는 해리

Harry had painted a clown,
a house, a tree, and a monster
with three heads.
He had also painted

part of the wall,
one slipper,
and a doorknob.
"He does very good work," I said.

50

51

가 노란색 그림을 가져갈 리 없으므로 해리는 용의선상에서 제외시킵니다. 이제 마지막 용의자 로자몬드의 집으로 갑니다. 하지만 고양이 네 마리를 키우는 고양이 애호가인 로자몬드가 개 그림을 가져갈 리가 없다고 판단합니다. 다시 애니의 집으로 돌아와 추리를 계속하던 네이트는 드디어 실마리를 찾아냅니다. 빨간색만 칠하는 해리 방에 어떻게 오렌지색 그림이 생겼을까? 그건 바로 노란 팽 그림에 빨간색을 덧칠해서 오렌지색을 만들었기 때문이지요. 멋지게 사건을 해결한 네이트는 의기양양하게 집으로 돌아갑니다.

이 단순한 줄거리 안에 시리즈 전체를 관통하는 요소들이 모두 들어 있습니다. 탐정물 이야기의 전형적인 틀은 물론이고, 팬케익이라면 언제나 포크를 드는 네이트의 식성, 허세 가득한 네이트의 성격, 안 그런 척하지만 팽을 무서워하는 속마음, 탐정 일을 할 때면 언제나 엄마에게 남기는 메모, 주요 등장인물인 애니와 로자몬드의 캐릭터 특성 등이 이 한 권에 잘 나타나 있습니다.

1편 『Nate the Great』를 정독할 때, 탐정물의 틀 안에서 특징을 살펴보는 활동을 할 수 있습니다. 사건, 용의자, 증인, 실마리, 결정적 증거 등을 찾아보는 것이지요.

탐정물은 항상 사건(Case)이 있습니다. 분실 사건이나 행방불명 사건일 수도 있고, 누군가의 비밀일 수도 있겠지요. 1편에서의 사건은 '애니가 팽 그림을 잃어버린 것'이었지요.

용의자들(Suspects)은 팽, 해리, 로자몬드였고, 증인(Witness)은 사건을 직접적으로 목격한 사람을 말하는데, 1편에서는 목격자가 없어 사건이 미궁에 빠집니다.

사건을 해결하는 데 도움이 되는 실마리(Clue)는 여러 개가 나왔습니다. 실마리는 주로 누군가의 진술이나 물적 증거인데, 1편에서는 애니와 로자몬드의 말, 애니 집의 구조, 해리의 그림 등이 여기에 해당됩니다. 물론 사건을 혼란에 빠트리는 쓸데없는 증거가 나오기도 합니다. 이를 방해요소(Distraction)라고 하는데, 뼈를 뒤뜰에 묻는 팽의 모습이 그런 경우입니다.

훌륭한 탐정이라면 감(Hunch)이 중요합니다. 네이트는 팽이 자신을 그린 그림을 별로 안 좋아해서 뒤뜰에 파묻었을 것이라는 자신의 '감'에 따라 뒤뜰을 파헤치게 되지요. 하지만 사건을 해결하는 결정적 증거(Breakthrough)인 오렌지색 그림을 보고 진실을 밝혀내게 됩니다.

이 내용을 그대로 탐정물의 전형적인 틀에 맞추어 쓰면 다음과 같은 표가 만들어지는데, Nate the Great 시리즈는 모두 이 틀 안에서 쓰기 활동을 할 수 있습니다.

또 다른, 재미있는 쓰기 활동도 해볼 수 있습니다. 네이트는 사건을 해결하기 위해 집을 나설 때, 늘 엄마에게 메모를 남깁니다. 이 메모의 내용은 매 에피소드마다 조금씩 다르고 뒤로 가면서 좀 더 그럴듯해지는 특징이 있습니다. 지운 자국이 선명한, 필기체를 멋스럽게 쓰기 위해 애를 쓰는 네이트의 모습이 드러나 소소한 재미를 느낄 수 있는 장면이기도 합니다. 책에 있는 쪽지를 그대로 따라 써보는 활동을 해도 좋고, 아이만의 쪽지를 적게 할 수도 있습니다. 예쁜 포스트잇을 아이와 같이 골라서 책을 읽을 때마다 메모 작성을 하도록 유도해보는 것도 좋겠습니다.

| 탐정물 독후활동의 예 |

항목	쓰기
Case	Annie has lost a picture of her dog Fang.
Suspects	Rosamond, Harry, Fang
Witness	There are no witnesses.
Clues	There are no trapdoors in Annie's house. The picture of Fang is yellow. Rosamond only likes cats. Harry paints everything red.
Distraction	Fang buries a bone in the yard.
Hunch	Fang didn't like his picture.
Breakthrough	The picture of the monster is orange.
Motive	Harry wanted to paint everything.

프린세스 인 블랙
The Princess in Black

2014년부터 출간되어 현재 9권이 나온 슈퍼히어로 소재의 얼리 챕터북으로, Mercy Watson처럼 종이질이 좋고 컬러 그림이 선명한 책입니다. GRL 지수는 L(AR 3점대 초반)이고 1편을 기준으로 96페이지, 2,079단어 수준입니다. 공주가 주인공이고, 초등 1~4학년 여자아이들이 좋아하는 시리즈입니다. 음원 속도는 120wpm 전후인데, 잔잔한 목소리로 편안하게 녹음되어 있습니다.

맥놀리아 공주는 프릴이 달린 핑크 드레스를 좋아하는 완벽한 공주

| The Princess in Black |

The Princess in Black   The Princess in Black and the Perfect Princess Party   The Princess in Black and the Hungry Bunny Horde

입니다. 검은색 옷을 입거나 급하게 뛰는 모습은 상상할 수 없는 우아한 공주님이지요. 그런데 맥놀리아 공주가 사는 왕국의 주변에는 괴물들이 사는 땅이 있습니다. 괴물이 출현했다는 경보가 울릴 때마다 맥놀리아 공주는 몰래 검은 옷으로 갈아입고, 닌자 스킬을 이용해서 괴물들을 무찌른다는 것이 이 챕터북의 기본 줄거리입니다. 스토리가 연결되어 있어 순서대로 읽는 것이 좋습니다.

어쩐지 배트맨 스토리가 떠오르는데요. 책 속 괴물들은 못생겼지만 귀엽고, 맥놀리아 공주는 위기에 처했는데 재미있기만 하니 저학년 아이들이 보기에 딱 좋습니다. 그렇다고 유치하거나 논리적 개연성이 떨어지는 것은 아니랍니다. 기본적으로 그림도 예쁘고, 두운이 맞는 단어들이 많이 나와 글을 읽는 즐거움도 큰, 사랑스러운 책입니다.

아울 다이어리
Owl Diaries

스콜라스틱 출판사의 얼리 챕터북 브랜드인 '브랜치즈(Branches)'에서 2015년부터 출간되어 현재 14권이 나온 다이어리 형식의 책입니다. GRL 지수는 M(AR 3점 전후)이고 1편을 기준으로 80페이지, 2,553단어 수준입니다. 사랑스러운 손글씨와 아기자기한 컬러 그림이 페이지를 가득 채운 이 책은 보기만 해도 즐거워집니다. 초등 1~4학년이라면 누구라도 즐길 수 있는 책입니다만, 분홍 부엉이가 주인공이다 보니

Eva's Treetop
Festival

Eva Sees
a Ghost

A Woodland
Wedding

여자아이들이 선호하는 편이지요. 순서대로 읽지 않아도 별다른 어려움은 없습니다. 음원 속도는 100wpm 전후이고, 하이톤의 경쾌한 여자아이의 음성으로 녹음되어 있습니다.

주인공 에바는 뭔가를 만들거나 바쁘게 움직이는 것을 좋아하는 부엉이입니다. 심술궂은 같은 반 친구 수와 냄새 나는 양말을 던지는 남동생 험프리를 싫어하지요. 학교생활, 가족, 날씨 등 일상을 소재로 아이들이 쉽게 공감할 수 있는 내용을 담고 있으며, 의욕 넘치는 에바가 맞닥뜨리는 드라마틱한 사건 사고가 재미있게 펼쳐지는 시리즈랍니다. 특히 부엉이의 특성을 살린 다양한 에피소드와 owliverse(owl과 universe를 합친 어휘로 '부엉이 세계'라는 의미), flappy-fabulous(날개를 마구 퍼덕거릴 만큼 멋진), flaperrific('멋진'이라는 의미를 가진 terrific이라는 어휘를 flap을 이용해서 변형), featherbottom('깃털 많이 달린 엉덩이'라는 의미) 등 부엉이를 모티브로 작가가 창조한 영어 표현들이 많이 나오는 점도 재미있습니다.

드래곤 마스터즈
Dragon Masters

2014년부터 출간되어 현재 20권이 나온 판타지 장르의 시리즈입니다. GRL 지수는 P(AR 3점대)이고 1편을 기준으로 96페이지, 6,015단어 수준입니다. 얼리 챕터북 카테고리에 들어가기에는 어휘수가 많아 보이는데, 스콜라스틱에서 얼리 챕터북으로 구분해놓은 책이랍니다. 어휘수가 많지만 그림 읽기가 가능할 만큼 그림이 섬세하고, 글의 난이도가 높지 않은데다 16개의 챕터로 나누어져 있어 호흡이 짧은 아이들도 쉽게 읽을 수 있습니다. 음원 속도는 150~160wpm인데, 귀에 쏙쏙 들어오는 편안한 여성 목소리여서 전혀 빠르게 느껴지지 않습니다. 집중듣기 하기에도 완벽한 속도이지요.

양파 재배 농민의 아들인 드레이크는 롤랜드 왕이 보낸 군사에 의해 급작스레 왕궁으로 들어가게 됩니다. 알고 보니 드레이크는 용을 다루는 용사 '드래곤 마스터'였지요. 성에는 다른 드래곤 마스터들과 그

| Dragon Masters |

Rise of the Earth Dragon   Saving the Sun Dragon   Secret of the Water Dragon

적응 단계를 위한 얼리 챕터북

들의 용, 마법사 그리피스가 있어 드레이크에게 새로운 세상을 보여줍니다. 드래곤들은 저마다 고유의 능력이 있어 불, 물, 태양을 다루는 모습을 보여주는데, 아직 자신의 용을 잘 다루지 못하는 드레이크는 서툴기만 합니다. 하지만 이야기가 진행되면서 드레이크는 웜(Worm)의 재능을 조금씩 이끌어내고, 마침내 웜과 함께 엄청난 모험의 세계로 들어섭니다.

매 권 특별한 능력을 가진 새로운 용과 개성 강한 드래곤 마스터를 만나면서 어둠의 마법사와 괴물로부터 세계를 구하는 내용이 이어집니다. 모든 이야기가 연결되어 있기 때문에 반드시 순서대로 읽어야 합니다. 저학년용 책이지만 깊이 있는 세계관과 등장인물의 섬세한 심리 묘사, 개연성 있는 전개가 돋보이는 매력적인 시리즈입니다.

표지	제목	GRL	어휘수	권수	특징
	Kung Pow Chicken	L	2,369	5	슈퍼히어로가 된 닭 형제 이야기
	Unicorn Diaries	L	2,704	6	Owl Diaries 저자의 작품으로 유니콘의 일기장
	A Narwhal and Jelly Book	M	848	5	외뿔고래와 해파리의 바다 생활을 다룬 그래픽 노블
	Press Start!	M	2,331	10	비디오게임을 하는 내용을 그대로 책으로 옮긴 책
	Diary of a Pug	N	2,510	5	퍼그의 일상을 깜찍한 그림으로 풀어나간 일기장
	The Notebook of Doom	O	6,108	13	상상력을 자극하는 온갖 종류의 몬스터를 만나는 책

적응 단계를 위한 얼리 챕터북

PART 2.

취향대로 고르는
대표적인 챕터북

아이비 앤 빈
ivy + BEAN

📊	GRL	**M (AR 3점대)**
📖	구성	**총 12권, 120페이지 내외**
Ⓐ	어휘수	**7,828개 (『Ivy + Bean』 기준)**
▷	음원 속도	**120~130wpm**
◎	독서 시간	**53분**

누런 갱지가 아닌 흰 종이에 감성 풍부한 독특한 그림이 더해져 한 눈에도 재미있어 보이는 챕터북입니다. 정반대의 캐릭터인 동갑내기 만 7살 여자아이 아이비와 빈의 우정을 경쾌하고 코믹하게 풀어낸 이 야기이지요.

이 시리즈의 그림 작가는 『Finding Winnie』와 『Hello Lighthouse』 라는 그림책으로 2016년과 2019년에 칼데콧 금상을 수상한 소피 블 랙올(Sophie Blackall)입니다. ivy + BEAN 역시 챕터북임에도 등장인물 들의 표정이 생동감 넘치게 그려져 있어 그림에서 눈을 뗄 수 없게 만들지요.

2006년부터 지금까지 총 12권이 출간되었으며, 각 권 120쪽 내외 분량입니다. GRL 지수 M 수준으로 초등 2~4학년 아이들이 읽기에 적합합니다. 아이의 읽기 수준이 높다면 1학년이 읽어도 좋은데, 5학년 이상의 고학년에게는 유치하게 느껴질 수 있답니다. 두 아이가 처음 만나는 1편을 제외하면 다른 책들은 순서에 상관없이 읽어도 됩니다.

이 시리즈의 음원은 책의 특성에 꼭 맞습니다. 정말로 여자아이가 녹음한 것은 아닐까 싶을 만큼 앳된 목소리로 책을 읽어주지요. 전체 어휘수와 녹음 시간을 고려하면 음원 속도가 느린 편인데, 실제로 들어보면 전혀 느린 느낌이 들지 않습니다. 이는 의미 단위로 끊어 읽기가 잘 되어 있고, 감정을 살려 강조하며 읽는 부분이 많아서 그렇습니다. 그래서 책만 읽는 것보다 소리를 들으면서 읽는 것이 훨씬 책의 내용을 이해하는 데에 도움이 됩니다. 음원 속도가 적절해서 섀도잉을 하기에도 좋습니다.

다수의 기관에서 추천도서 목록에 올려놓고 있습니다만, 유명세에

| ivy + BEAN |

ivy + BEAN and the Ghost that Had to Go

Break the Fossil Record

Take Care of the Babysitter

Bound to Be Bad

취향대로 고르는 대표적인 챕터북

비해 학부모들의 부정적인 평가가 많은 것도 이 시리즈의 특징입니다. 특히 빈은 공공장소에서 예의에 벗어난 행동을 하거나 언니에게 못된 장난을 하고 수시로 거짓말을 하는 나쁜 아이라는 비판이 많지요. 그리고 아이비는 반듯한 외모와 달리 괴상하고 음침한 아이라는 평도 있습니다. 모두 틀린 말은 아닙니다만, 모범이 되는 아이만 책의 주인공이 되는 세상은 재미가 없을 것 같네요. 이 책에 열광하는 어린이 독자들이 많다는 점도 기억해주세요.

시리즈 정독 가이드
『ivy + BEAN』

1편 『ivy + BEAN』은 아이비와 빈이 친구가 되는 이야기입니다. 늘 바지만 입고 절대로 턱 아래로는 머리를 기를 수 없다는 빈은 전형적인 톰보이입니다. 빈의 눈에 비친 아이비는 드레스를 입고 빨간 머리에 예쁜 머리띠를 하고 있는, 착하지만 재미라고는 없어 보이는 책벌레이지요. 빈에게는 11살 언니 낸시와 엄마, 아빠가 있는데, 엄마가 자꾸 옆집에 새로 이사온 모범생 아이비와 친하게 지내보라고 말해서 빈은 괴로워합니다. 빈은 친구도 많고 누구와도 잘 어울리지만, 사춘기에 접어들어 예민하고 까칠한 언니 낸시와는 맨날 앙앙불락합니다.

어느 날 언니 낸시를 골탕 먹이기 위해 언니 지갑에서 돈을 꺼내 유령 흉내를 내는 빈은 언니한테 딱 걸리자 거짓말을 하고 도망가버립니다. 어디로 도망가야 할까 고민하는 그때, 아이비가 자신의 집에 숨으라고 제안하고 그렇게 둘의 만남은 시작됩니다. 그런데 가까이서 본 아이비는 거짓말도 할 수 있고, 임기응변에 능하고 그러면서 의리까지 있는 아이였지요. 무엇보다 스스로를 마녀라고 굳게 믿고 있는 엉뚱한 괴짜였답니다! 둘은 이내 낸시 골탕 먹이기 대작전에 나서고, 재미있고 엽기적인 사건들이 연이어 벌어집니다. 그렇게 하루가 끝나고, 아이비와 빈은 현관 앞에 앉아 내일은 뭘 할 건지 이야기를 나눕니다. 어느새 단짝이 되어버린 것이지요.

ivy + BEAN은 캐릭터의 특성을 잘 살린 그림이 눈에 띕니다. 콧대 세우고 온갖 잘난 척을 하며 눈을 내리깐 낸시와 뻗친 머리카락을 아무렇게나 휘날리며 눈을 굴리는 빈의 모습이 책 읽기에 재미를 더합니다. 캐릭터들의 다양한 감정 역시 그림에 잘 나타나는데요, 그림이 나올 때마다 포스트잇을 이용해서 캐릭터의 감정을 분석해보세요. 새로운 어

| 『ivy + BEAN』의 본문 |

취향대로 고르는 대표적인 챕터북

Sample Chart

IVY	BEAN
Long curly red hair	Short black hair
Didn't have many friends	Played with everybody
Bugged by mom	Bugged by mom

Sample Venn Diagrams

IVY　　　　BEAN

Long curly red hair
Didn't have many friends

Bugged by mom

Short black hair
Played with everybody

STORY STRUCTURE

In *Ivy + Bean*, the girls' friendship has a memorable start. To support students in retelling the sequence of events, have them trace the development of Ivy and Bean's relationship.

At first, Ivy and Bean _____.

Then, _____.

Next, _____.

Finally, _____.

I think Ivy and Bean became friends because _____

_____

휘를 익힐 수 있고, 전후 상황을 살피며 이야기를 나누다 보면 내용을 더 잘 이해할 수 있을 뿐만 아니라 쓰기에도 도움이 됩니다.

크로니컬 출판사에서 제공하는 PDF 자료를 이용해도 좋습니다. 두 주인공의 특징을 도표로 잘 비교해놓았고, 그 외에도 이야기 요약하기, 둘이 파트너가 되어 상대방에 대해 질문하기 등 다양한 활동자료가 있습니다.

크로니컬 홈페이지에서 ivy + BEAN 시리즈의 활동자료 페이지로 찾아 가기가 다소 어렵습니다. QR코드로 바로가기를 만들었으니 활용해보세요.

매직 트리 하우스
Magic Tree House

꧁	GRL	**M** (AR 3점 전후)
📄	구성	**총 35권, 77페이지 내외**
Ⓐ	어휘수	**4,737개** (『Dinosaurs Before Dark』 기준)
▷	음원 속도	**120~130wpm**
◎	독서 시간	**32분**

　Magic Tree House는 잭과 애니 남매가 우연히 발견한 매직트리하우스를 통해 시공간을 이동하며 모험과 환상의 세계를 경험하는 내용을 담은 챕터북입니다. 시리즈는 크게 2개의 그룹으로 나누어지는데, 잭과 애니가 모험을 하며 매직트리하우스의 미스터리를 푸는 35권과 전설의 마법사 멀린의 퀘스트를 따라가는 Merlin Missions 27권입니다. Merlin Missions는 페이퍼백 기준으로 Magic Tree House보다 2배가량 두껍고 글자체는 더 작아져서 권당 어휘수가 2배 반 정도 많아지지만, 글의 난이도 차이는 크지 않습니다. Magic Tree House의 GRL이

취향대로 고르는 대표적인 챕터북

Magic Tree House
시리즈

Fact Tracker
시리즈

Merlin Missions
시리즈

M이라면, Merlin Missions의 GRL은 M과 N 사이입니다. 이어서 보기에 딱 좋습니다.

시간순으로 보면 Magic Tree House 28권, Merlin Missions 27권, 그리고 2017년 이후 다시 Magic Tree House가 출간되고 있는 상황입니다. 시리즈의 그림 작가는 여러 명이고, 심지어 출간된 나라에 따라 그림 작가가 다른 경우도 있습니다. 한 마디로 그림이 큰 영향을 주는 책은 아니라는 뜻이지요. 그리고 이야기가 쭉 이어지므로 1편부터 순서대로 읽어야 하는 책입니다.

이 시리즈는 우리나라 초등학생이 가장 많이 읽는 챕터북 중의 하나이고 누구나 한 번은 보았을 만큼 유명합니다. 어드벤처 픽션이지만 논픽션적인 지식이 가득해서 책을 읽다 보면 자연스럽게 새로운 정보를 많이 접하게 되지요. 그래서 책과 연관된 배경지식을 보강하기 위해 2000년대부터는 Fact Tracker라는 논픽션 책이 세트로 출간되고 있습니다. Magic Tree House는 모두 Fact Tracker를 세트 도서로 가지고 있고, Merlin Missions는 27권 중 16권만 Fact Tracker가 나와 있습니다.

저자 메리 포프 오스본(Mary Pope Osborne)의 남편 윌과 여동생 나탈리가 그림을 그린 Fact Tracker는 논픽션이라 원서로 읽으려면 쉽지 않습니다. 하지만 아이가 Magic Tree House를 술술 읽는다면 Fact Tracker도 원서로 읽어도 좋겠습니다. Magic Tree House가 아직 어렵게 느껴진다면 Fact Tracker 한글판 〈마법의 시간여행 지식탐험〉 시리즈(비룡소)를 먼저 읽고 배경지식을 쌓은 다음, Magic Tree House를 읽는 것도 한 방법입니다.

그림을 좋아하는 아이라면 2021년 6월에 출간된 그래픽 노블 버전을 읽어도 좋습니다. 앞으로 6개월마다 한 권씩 출간된다고 하니, Magic Tree House를 그래픽 노블 버전으로 접하는 아이들도 많아질 듯합니다.

책은 하드커버인지 페이퍼백인지, 흑백 갱지 버전인지 컬러 버전인지에 따라 책의 페이지수, 가격 등이 달라 구매할 때 주의가 필요합니다. 그런데 대부분의 온라인 서점에는 정확한 서지정보가 없어서 상당히 혼란스럽습니다. 책의 제목도 16권까지는 미국판과 영국판이 달라 혼란을 더하는데, 이 둘의 제목을 비교해보는 재미가 쏠쏠합니다. 솔직히 말해서 두 제목의 의미 차이를 정확하게 짚기는 힘들지만 말이지요.

저자 메리 포프 오스본이 직접 읽어주는 음원은 속도가 120~130 wpm 사이에 있어 듣기에 편안합니다. 녹음을 전문으로 하는 다른 성우와 비교하면 잔잔한 편이라 호불호가 갈리기도 하는데, 책을 쓴 작가의 목소리로 이야기를 듣는 특별함에 높은 점수를 주고 싶네요.

취향대로 고르는 대표적인 챕터북

| 미국판과 영국판 제목 비교 |

	미국판 제목	영국판 제목
1	Dinosaurs Before Dark	Valley of the Dinosaurs
2	The Knight at Dawn	Castle of Mystery
3	Mummies in the Morning	Secret of the Pyramid
4	Pirates Past Noon	Pirates' Treasure!
5	Night of the Ninjas	Night of the Ninjas
6	Afternoon on the Amazon	Adventure on the Amazon
7	Sunset of the Sabertooth	Mammoth to the Rescue
8	Midnight on the Moon	Moon Mission!
9	Dolphins at Daybreak	Diving with Dolphins
10	Ghost Town at Sundown	A Wild West Ride
11	Lions at Lunchtime	Lions on the Loose
12	Polar Bears Past Bedtime	Icy Escape!
13	Vacation Under the Volcano	Racing with Gladiators
14	Day of the Dragon King	Palace of the Dragon King
15	Viking Ships at Sunrise	Voyage of the Vikings
16	Hour of the Olympics	Olympic Challenge!

주인공의 성장과 함께
심화되는 스토리

책의 주인공은 가상 공간인 펜실베이니아 프로그 크릭에 살고 있는 남매 잭과 애니입니다. 이야기가 시작될 때 잭은 8살 반, 애니는 7살이지요. 한꺼번에 출간되지 않고 한 권씩 나오는 시리즈 도서에서는 주인공이 책을 읽는 독자와 함께 나이 들어가는 경우가 많습니다. Junie B.

Jones, Harry Potter처럼요. 잭은 Merlin Missions 2편『Haunted Castle on Hallows Eve』에서 9살이 되고, Merlin Missions 3편『Summer of the Sea Serpent』에서는 10살, Merlin Missions 24편『Soccer on Sunday』에서 11살이 됩니다. 주인공의 연령이 높아지면서 책의 내용도 더 길어지고, 그에 걸맞게 스토리도 심화됩니다.

잭은 갈색 머리, 갈색 눈을 가진 남자아이입니다. 책을 좋아하는 똑똑한 모범생 스타일로 걱정이 많은 편이지만 그렇다고 겁쟁이는 아닙니다. 늘 공부하고 준비하고 메모지를 들고 다니는 한편, 누군가를 구해야 할 때는 목숨을 걸고 몸을 던지는 용감한 면도 있답니다.

애니는 하나로 묶은 금발머리를 찰랑이는 푸른 눈의 여자아이입니다. 성격이 활발해서 사람이든 동물이든 누구와도 금방 친해지는 친근한 성격입니다. 가끔 적극성이 지나쳐 무모한 행동을 하기도 하지만 용감하고 모험심이 강해 이야기에 활력을 불어넣는 캐릭터입니다.

모건은 Magic Tree House의 주요 조연으로 어드벤처가 주를 이루는 이야기에 미스터리적 요소를 불어넣는 캐릭터입니다. 매직트리하우스의 진짜 주인이면서 마법사이자 아서왕의 배다른 동생이기도 합니다. 저주에서 벗어나기 위해 잭과 애니에게 도움을 청하지만 동시에 잭과 애니가 위기에 처할 때마다 도움을 주기 때문에 엄마처럼 느껴지기도 하지요. 날카로운 회색 눈에 흰머리가 섞인 검은 머리를 가진 카리스마 넘치는 외모를 가지고 있습니다.

취향대로 고르는 대표적인 챕터북

시리즈 정독 가이드
『Dinosaurs Before Dark』

Magic Tree House는 4권씩 하나의 카테고리로 묶여 있는데, 1편 『Dinosaurs Before Dark』는 'The Mystery of the Magic Tree House' 카테고리에 속합니다. 숲에서 놀던 잭과 애니는 어느 날 우연히 책이 가득 들어차 있는 트리하우스를 발견합니다. 책을 좋아하는 잭은 자신이 살고 있는 프로그 크릭이 나와 있는 책도 발견하고 공룡이 나오는 책도 발견합니다. 날아다니는 공룡 프테라노돈 그림이 그려진 페이지를 펼치고는 자신도 모르게 "I wish I could see a Pteranodon for real.(프테라노돈을 실제로 보면 좋겠다.)"라고 말하게 됩니다. 그 즉시 애니는 트리하우스 창문 밖에서 날아다니는 프테라노돈을 발견합니다! 책을 펼치고 "I wish…"라고 말하는 순간 책 속의 시공간으로 이동하는 마법이 시작되는 거죠. 프테라노돈이 날아다니고 티라노사우루스가 고개를 휘젓는 공룡시대라니!

조용히 트리하우스에 숨어 있고 싶은 잭과 달리 애니는 벌써 나가서 다른 공룡을 만지고 있네요. 오빠가 되어 동생을 위험한 상황에 내버려둘 수 없으니 잭도 할 수 없이 바깥으로 나갑니다. 언덕 위에서 머리에 뿔 세 개가 달린 트리케라톱스를 만나는데 바로 그곳에서 공룡시대에는 있을 수 없는 M자가 새겨진 금메달을 발견합니다. 미스터리의 시작이지요. 언덕 아래 공룡 둥지가 가득한 곳에서는 새끼 아나토사우루스를 만나 즐거운 시간을 가지는 것도 잠시, 뒤이어 나타난 티라노사우루스에 쫓기게 됩니다. 다행히 프테라노돈의 도움으로 트리하우스로 돌아오고, 프로그 크릭이 그려진 페이지를 펼치고 "I wish we could go home!"이라고 외치며, 안전하게 집으로 돌아오는 것으로 끝이 납니다.

Magic Tree House는 이렇게 트리하우스에서 시작해서 트리하우스로 끝나는 순환형 스토리라인을 가지고 있습니다. 그리고 항상 위기 상황이 있고, 그 위기에서 빠져나오도록 도와주는 존재가 있습니다. 여기에서는 티라노사우루스가 위기 상황을 만드는 존재이고 프테라노돈이 도움을 주는 존재가 됩니다. 이렇게 모험을 거듭하면서 하나씩 트리하우스에 관한 미스터리가 풀리지요. 픽션이면서 논픽션적 요소도 있고, 미스터리 어드벤처이기도 해서 여러 장르를 아우르는 정말 특별한 책입니다.

1편을 읽고 나면, 공룡에 관한 어휘 학습 활동을 해볼 수 있습니다. 등장하는 공룡의 종류를 적어보고, 각 공룡의 특징을 책 속에서 찾아

| 『Dinosaurs Before Dark』의 본문 |

취향대로 고르는 대표적인 챕터북

적어보는 활동이지요. 마치 잭이 노트에 메모를 하듯이 말입니다. 이름, 크기, 먹이, 습관, 외형과 성격 등을 찾아보는 활동을 할 수 있습니다. 1편의 주제는 공룡이지만, 다른 책들도 해당 주제에 맞게 관련 어휘를 찾아볼 수 있습니다.

또, 쓰기 활동을 해볼 수도 있습니다. 이 시리즈는 모험물이므로, 어떤 모험이 일어났는지 정리해보는 것이지요. 일단 모험이 일어난 특별한 공간적 배경이 있겠지요? 1편에서는 Dinosaur land입니다. 시간적 배경은 선사시대, 즉 Prehistoric times입니다. 장소에 따라 등장인물도, 무엇을 했는지도 달라집니다. 1편에서는 공룡들을 만났지요. 도와주고 쫓기고 도움을 받는 내용도 정리합니다. 시대에 맞는 독특한 이동 수단이 등장하는 경우가 많아 이 부분도 따로 짚어보는 것이 좋습니다. 프테라노돈을 타고 날았던 것처럼요. 그리고 금메달처럼 미스터리를 푸는 열쇠가 되는 아이템, 잭의 배낭에 들어 있던 물품도 정리합니다. 책마다 나오는 위기와 극복 상황에 대해서도 적는다면 책 한 권을 체계적으로 정리하게 됩니다. 표의 내용을 종이로 옮겨 북메이킹으로 쓰기를 하면 아이들이 더 재미있어합니다. 2편과 3편도 이 틀에 맞게 정리하면 다음과 같습니다.

| 『Dinosaurs Before Dark』 독후활동의 예 |

항목	내용
Where (공간적 배경)	• Dinosaur land (공룡시대)
When (시간적 배경)	• Prehistoric times (선사시대)
Who or what (등장인물)	• Pteranodon, Triceratops, Anatosaurus, Tyrannosaurus
Transport type (이동수단)	• ride on a Pteranodon (프테라노돈 타고 날기)
Mystery (미스터리)	• the Golden medallion (금메달)
Perils (위기상황)	• A Tyrannosaurus wanted to eat them. (티라노사우루스가 아이들을 잡아먹으려고 했을 때)
Solution (해결)	• A Pteranodon helped them to come back to the tree house. (프테라노돈이 나타나 잭을 트리하우스로 데려다줌)

| 『The Knight at Dawn』 독후활동의 예 |

항목	내용
Where	• a castle
When	• medieval times
Who or what	• knights, suits of armor, castles, people having a feast
Transport type	• ride on a black horse
Mystery	• a blue leather bookmarker
Perils	• locked in a dungeon • falling into a moat at night
Solution	• The knight on a black horse helped them reach the tree house.

취향대로 고르는 대표적인 챕터북

| 「Mummies in the Morning」 독후활동의 예 |

항목	내용
Where	• The ancient Egypt
When	• unknown
Who or what	• an Egyptian queen, mummy
Transport type	• followed a cat
Mystery	• the letter 'M' on the floor
Perils	• encountered a ghost • trapped in a pyramid
Solution	• The Egyptian cat helped them to come back to the tree house.

주디 무디
Judy Moody

▫ GRL	**M** (AR 3점대)	
▣ 구성	**총 16권, 160페이지 내외**	
Ⓐ 어휘수	**11,049개** (『Judy Moody Was in a Mood』 기준)	
▷ 음원 속도	**140~150wpm**	
◎ 독서 시간	**1시간 13분**	

    Judy Moody 시리즈는 초등학교 3학년인 주디 무디의 일상에 관한 경쾌하고 코믹한 이야기입니다. 늘 단짝친구 락키와 프랭크, 한 살 어린 남동생 스팅크가 함께 나오는데, 미국 아이들의 일상과 학교생활 등 다양한 문화적 배경지식을 쌓을 수 있는 시리즈이지요. 주디는 여자아이이고 락키, 프랭크, 스팅크는 남자아이여서, 성별에 관계없이 초등학생이라면 누구나 즐길 수 있습니다. 2010년부터 출간되기 시작했는데 출간되자마자 킥킥거리며 웃게 되는 유머와 쉽게 공감할 수 있는 내용으로 아이들에게 사랑받는 챕터북이 되었습니다. 이 인기에 힘입어 바

취향대로 고르는 대표적인 챕터북

로 다음해에 〈Judy Moody and the Not Bummer Summer〉라는 실사 영화가 만들어졌습니다. 영화 속 내용과 장면을 그대로 살린 동명의 책도 나왔지요. 아이가 Judy Moody 시리즈를 좋아한다면 영화를 꼭 보여주기 바랍니다.

Judy Moody 시리즈는 지금까지 총 16권이 출간되었습니다. 책에 따라 길이가 64~160페이지까지 다양한데, 전체적인 난이도는 비슷하니 크게 구분하지 않고 읽어도 괜찮습니다. 추천 연령은 대체로 등장인물의 나이와 비슷한데, 초등 2학년 이상이면 누구나 즐길 수 있는 책입니다.

이 시리즈의 특징 중 하나는 바로 라임과 두운을 재미있게 활용했다는 점입니다. 『Judy Moody』, 『Judy Moody's Mini-Mysteries and Other Sneaky Stuff for Super-Sleuths』, 『Stink and the World's Worst Super-Stinky Sneakers』. 책의 제목만 봐도 라임과 두운이 눈에 띄지요? 라임은 단어의 마지막 모음 이후를 말하고, 두운은 연속된 단어의 첫소리가 같은 경우를 말합니다. 주인공 이름인 주디 무디만 해도 라임이 잘 맞습니다. 제목뿐만 아니라 책 속 대화에서도 소리를 가지고 노는 이런 특징이 두드러지는데, 이런 말장난은 글에 리듬감을 주어 읽는 재미를 더합니다. 그리고 영어의 소리가 낯선 우리 아이들에게 소리를 가지고 놀 수 있는 귀한 기회를 제공하지요.

『Dot』, 『Plant a Kiss』 등으로 세계적 명성을 얻은 피터 레이놀즈 (Peter H. Reynolds)가 그림 작가로 참여한 점도 매력적입니다. 피터 레이놀즈의 그림책은 우리나라에서도 유명해서, Judy Moody 시리즈의 삽

| Judy Moody의 시리즈들 |

Judy Moody   Judy Moody and Stink   Stink 시리즈   Judy Moody and
시리즈   시리즈   Friends 시리즈

화 역시 어딘지 친숙한 느낌이 들 것입니다.

책의 내용과 잘 어울리는, 경쾌하고 매끄러우며 감정이 풍부한 여성의 목소리로 녹음된 음원도 강력하게 추천합니다. 140~150wpm 속도로 녹음되었는데, 집중듣기나 흘려듣기를 하기에 딱 좋습니다.

책에 재미를 더하는
주요 등장인물

주요 등장인물로는 주디와 남동생 스팅크, 주디의 단짝친구 락키와 프랭크 등이 있습니다. 남동생 스팅크와 관련된 일련의 에피소드는 형제자매가 있는 집이라면 누구나 공감할 수밖에 없는 생생한 내용을 담고 있답니다. 스팅크는 늘 주디를 따라다니며 놀이에 끼워달라고 징징거리고, 주디의 장난감을 망가뜨리고, 주디의 반려식물인 끈끈이주걱

을 기절시키는 등 말썽을 피우지요. 하지만 백과사전을 엄청 읽어대서 모르는 것이 없는 똑똑한 아이이기도 하답니다. 주로 엽기적이고 코믹한 상황과 함께 나오는 경우가 많아 책에 재미를 더하는 중요한 등장인물입니다. 그래서 이 캐릭터의 특성을 살려 Judy Moody & Stink 시리즈 4권, Stink 시리즈 12권이 별도로 나와 있답니다.

동급생 친구 락키는 어릴 때부터 단짝이었고, 프랭크는 원래 주디가 싫어하는 아이였지만 서로 취미가 같다는 것을 알게 되면서 친해집니다. Judy Moody & Friends 시리즈도 13권이 출간되었습니다.

시리즈 정독 가이드
『Judy Moody Was in a Mood』

　　시리즈 1편 『Judy Moody Was in a Mood』는 아주 매력적이고 영리한 방식으로 캐릭터를 소개합니다. 여름방학이 끝나고 3학년 수업 첫날, 주디의 담임 선생님 미스터 토드는 'The Me Collage'라는 프로젝트에 대해 설명합니다. 모든 아이들에게 자신에 대한 여러 가지 이야기를 담은 Me collage를 완성해서 나중에 발표하는 프로젝트이지요. Me collage에는 Who am I(나는 누구인가), Where I live(사는 곳), My friends(친구들), My best friend(절친), My favorite pet(가장 좋아하는 반려동물), When I grow up(장래희망), Hobbies(취미), The worst thing that ever happened to me(내게 일어난 최악의 사건), The funniest thing ever happened to me(내게 일어난 가장 재미있었던 사건), Clubs(클럽) 등이 있습니다. 한 마디로 이 책을 읽으면 주인공 주디에 관해 기본적인 것은 모두 알 수 있게끔 만들어놓았지요. 그리고 이렇게 주디와 친구들, 스팅크를 알고 나면 2편을 읽지 않고는 참을 수 없게 됩니다!

　　라임과 두운을 특징으로 한 시리즈답게 본문에서도 말장난이 나오는데, 이를 이해하면 무척 재미있습니다. 주디가 3학년 교실에 들어서며 담임 선생님 미스터 토드(Mr. Todd)에게 "Hello, Mr. Toad."라고 인사하며 혼자서 킬킬거리며 웃는 장면이 나옵니다. Todd(토드)와 toad(토우드)는 발음은 비슷한데 toad는 '두꺼비'라는 뜻이기도 하니, 선생님의 이름으로 장난을 친 거죠. 주디와 락키가 만든 클럽 이름도 남다릅니

　　　　　　　　　　　　　취향대로 고르는 대표적인 챕터북

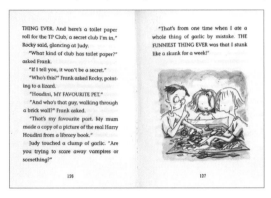

다. 일명 'The T. P. Club'. 다른 아이들에게는 'The Toilet Paper Club'이라고 말하지만, 진짜 의미는 'The Toad Pee Club'이죠. 이처럼 우리나라 아이들에게 자연스럽게 영어 단어의 첫소리를 인지하도록 도와주고, 첫소리를 조작하는 것이 놀이의 소재가 될 수 있다는 것 역시 알려줍니다. 정독을 위한 독후활동으로는 1편에 나오는 Me collage에 기반해서 주디의 캐릭터웹을 완성하는 활동을 해볼 수 있습니다.

1편의 제목 『Judy Moody Was in a Mood』처럼, 주디의 감정 상태 또한 이 책을 재미있게 만드는 중요한 요소입니다. 섬세한 감정 변화를 주의 깊게 따라가다가, 주디 무디의 기분이 바뀔 때마다 포스트잇으로 감정 어휘를 적어서 붙이는 활동을 해보세요. 아이들이 즐거워하는 활동이랍니다. 이 활동에 사용하기 좋은, 감정과 관련된 유용한 어휘들을 모아보았으니 참고해주세요.

| Judy의 캐릭터웹 그리기 |

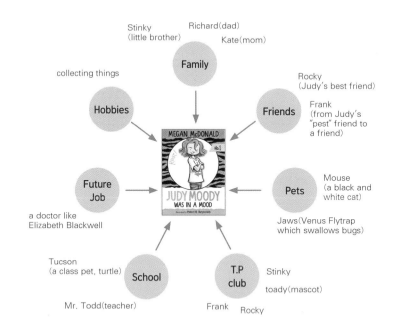

| 감정 어휘 모음 |

단어	의미	단어	의미	단어	의미
afraid	두려운	grouchy	불평이 많은	respectful	존경하는
angry	화난	happy	행복한	responsible	책임지고 있는
bossy	윽박지르는	helpful	희망적인	rude	무례한
bold	대담한	honest	정직한	sad	슬픈
calm	고요한	imaginative	상상력이 풍부한	selfish	이기적인

취향대로 고르는 대표적인 챕터북

careful	조심스러운	intelligent	똑똑한	serious	신중한
careless	부주의한	jealous	질투심이 많은	shy	부끄러운
charming	매력적인	kind	친절한	silly	우스꽝스러운
cheerful	쾌활한	lazy	게으른	smart	똑똑한
curious	호기심 많은	lonely	외로운	sneaky	교활한
creative	창의적인	loving	애정 어린	spoiled	버릇없는
dishonest	부정직한	loyal	충성스러운	strict	엄격한
disrespectful	무례한	lucky	행운의	stubborn	고집 센
dull	지루한	mean	얄미운	sweet	사랑스러운
embarrassed	창피한, 당황스러운	messy	엉망진창인	talented	재능이 있는
evil	아주 못된	nervous	긴장한	thoughtful	사려깊은
exciting	신나는	nice	좋은	trusting	사람을 믿는
fair	공평한, 예쁜	nosy	참견하기 좋아하는	trustworthy	신뢰할 수 있는
fearful	무시무시한	picky	까다로운	unfriendly	불친절한
foolish	바보같은	polite	예의바른	undelfish	너그러운
friendly	다정한, 친구 같은	poor	불쌍한	wacky	괴짜의
fun	재미있는	proud	자랑스러운	weak	약한, 작은
generous	관대한	pretty	귀여운, 예쁜	wild	거친
gentle	부드러운	quick	빠른	wise	현명한
greedy	욕심이 많은	quiet	조용한		

잭 파일
The Zack Files

📊	GRL	N (AR 3점대)
📖	구성	총 30권, 60페이지 내외
Ⓐ	어휘수	5,545개 (『My Great-Grandpa's in the Litter Box』기준)
▷	음원 속도	150wpm
◎	독서 시간	40분

　흔치 않은 판타지 소재 챕터북으로 환생이나 투명인간 등 초자연적인 현상을 다루고 있어 독자에 따라 책의 내용이 기괴하거나 황당하다고 느낄 수도 있습니다. 즉, 취향에 따른 호불호의 차이가 상당하다는 말인데, 아이가 저처럼 판타지를 좋아하는 성향이 있다면 한자리에서 쭉 읽어내려갈 수도 있답니다. 제목이나 주제가 매력적인 책을 골라 순서에 상관없이 읽으면 되고, 추천 연령은 초등 3학년 이상 중학생까지입니다.

　저자 댄 그린버그(Dan Greenburg)는 어느 날 10살 아들 잭이 할머니 미아와 야구하는 모습을 보다가 88세인 미아가 15미터 떨어진 곳에서 날아온 공을 치는 것을 목격하게 됩니다. 그 순간 현실적으로 불가능한 일이 벌어지는 책에 대한 아이디어가 떠올라 이 시리즈를 쓰게 되었다고 합니다. 멋진 영감을 준 할머니 미아의 에피소드는 24편 『My Grandma, Major League Slugger』에서 메이저리그 선수가 된 할머니 이야기로 나온답니다.

언어세상에서 녹음한 음원도 멋집니다. 한 사람이 녹음한 것이 맞나 싶을 만큼 목소리 변조가 인상적인데 허스키한 목소리로 바뀌는 것뿐만 아니라 역할에 따라 1930년대 갱스터처럼 말투와 억양이 달라지는 점이 재미있습니다. 감정을 많이 실어 강조할 부분을 강조해서 읽다 보니 문장의 리듬감도 아주 좋습니다. 한 가지 아쉬운 점은 챕터가 바뀔 때마다 음악이 나오며 몇 챕터인지 말하는 부분이 들어가 있다는 점입니다. 집중듣기를 하는 아이들에게는 분위기를 환기시키고 집중력을 높이는 데에 도움이 되지만, 밤에 틀어놓고 흘려들으며 자려고 하면 몹시 거슬리는 소리이기도 합니다.

실사 TV 드라마로도 두 시즌이 방영되었습니다. 드라마의 경우, 중학생 남자아이가 주인공이다 보니 이성관계가 나오는 등 챕터북에 비해 인지 수준이 높은 편입니다. 전체적인 분위기는 비슷하지만 영상물의 에피소드는 책과 다르므로 그 자체로 즐기면 됩니다. 2000~2001년에 시즌 1, 2로 방영되었는데 총 52편, 각 22분짜리 영상으로 초등 고학년과 중학생에게 적합합니다. 유튜브에서 쉽게 찾을 수 있으며, 재미있게 보았다는 아이들이 많습니다.

Through the
Medicine Cabinet

My Son, the Time
Traveler

A Ghost Named
Wanda

Just Add Water…
and Scream!

유령, UFO, 도플갱어까지
평범한 일상을 뒤흔드는 판타지물

주인공 잭은 초등학교 4학년생입니다. 이상하게도 평범한 잭 주변에서는 전혀 평범하지 않은 일들이 자꾸 일어납니다. 자신의 도플갱어를 만나거나 집 안에 유령이 살고 있다거나 잭을 만나기 위해 잭의 아들이 미래에서 찾아오는 등 상상도 못했던 일들이 일어나지요. 하지만 이야기는 늘 해피엔딩으로 끝나니 부담없이 그 풍부한 상상력을 즐기면 된답니다.

잭은 10살짜리 평범한 소년이지만, 초자연적인 현상에 대해 다른 사람보다 열린 마음을 가지고 있습니다. 잭은 부모님이 이혼을 했기 때문에 아빠와 둘이 살고 있는데, 아빠는 아들을 사랑하는 평범한 소시민입니다. 그리고 89살인 잭의 할머니 미아는 포근하고 지혜롭고 듬직한 캐릭터로 책에 자주 등장합니다.

취향대로 고르는 대표적인 챕터북

단짝친구인 카메론과 스펜서는 잭에게 생기는 이상한 일에 대해 잘 알고 있고, 가끔 함께 이상한 일을 겪기도 합니다. 친구들이 등장하지 않는 에피소드들도 많아 다른 시리즈에 비해 친구 캐릭터의 비중은 낮은 편입니다.

교정전문의가 알고 보니 미친 과학자, 지킬 박사였다는 『Dr. Jekyll, Orthodontist』, 미래에서 찾아온 잭의 아들 이야기 『My Son, the Time Traveler』, 유체이탈 에피소드를 다룬 『I'm out of My Body…Please Leave a Message』, 다른 사람의 마음을 읽을 수 있는 능력을 얻은 잭의 이야기 『Zap! I'm a Mind Reader』 등 에피소드마다 기상천외한 아이디어가 돋보이는 시리즈입니다.

시리즈 정독 가이드
『Great-Grandpa's in the Litter Box』

1편의 제목은 『Great-Grandpa's in the Litter Box』입니다. 주인공 잭은 그동안 용돈을 열심히 모아 반려동물로 고양이를 입양하기 위해 동물보호소에 갑니다. 깜찍한 턱시도 고양이로 결정하려는 순간 뒤에서 누군가 걸걸한 목소리로 "Sssst! Young man!"이라고 부릅니다. 자신이 잭의 증조 할아버지였다고 주장하는 고양이와의 만남입니다. 늙고 뚱뚱하고 귀 한쪽은 찌그러져 있으며 콧수염도 반쯤 날아간 이 고양이는 이것저것 요구하는 것도 많고 입맛도 고급이어서 잭의 용돈을 다 쓸

어가버립니다. 미아 할머니를 통해 알고 봤더니 증조 할아버지는 거짓
말쟁이에다가 평생 가정을 챙기지 않고 아들 돈까지 싹 긁어간 전력이
있는, 집안의 말썽꾸러기였다고 하네요. 과연 잭은 어떻게 이 고양이에
게서 벗어날까요?

그리고 이런 반전이 나옵니다. 알고 봤더니 모리스 할아버지-고양
이는 베이브 루스의 야구 카드를 죽기 전에 잘 숨겨놓고 교통사고로 갑
작스레 세상을 떠났습니다. 지금은 금값이 된 카드지요. 카드를 판 돈
으로 일등석 비행기를 타고 팜비치의 일급 반려동물 호텔에서 여생을
보내는 것이 모리스 할아버지-고양이의 엔딩이자 이야기의 엔딩이랍
니다.

『Great-Grandpa's in the Litter Box』의 독후활동으로 말하는 모리스
할아버지-고양이의 캐릭터를 분석하는 활동을 해볼 수 있습니다. 조연

이지만 주연 같은 모리스 할아버지-고양이에 대해 한 번 정리해볼까요? 어떤 존재인지는 'was'라는 항목에서, 무엇을 원하는지는 'wants'라는 항목에서 다룹니다. 표로 정리하면 다음과 같습니다.

| Great-Grandpa Maurice 캐릭터 분석 |

was	wants
• an inventor • bossy and dishonest • reincarnated • a liar • not Great-Grandpa Julius • the black sheep of the family	• herring • sour cream • a glass of schnapps • a first-class, one-way ticket to Palm Beach • a deluxe pet hotel

A 투 Z 미스터리
A to Z Mysteries

📊	GRL	N (AR 3점대)
📖	구성	총 26권, 88페이지 내외
Ⓐ	어휘수	8,535개 (『The Absent Author』 기준)
▷	음원 속도	150~160wpm
◎	독서 시간	57분

Nate the Great와 같은 탐정물이지만 A to Z Mysteries는 초등 3학년 이상 수준입니다. 알파벳 순서로 사건이 전개되는 A to Z Mysteries(총 26권), 국경일이나 주요 행사를 모티브로 한 A to Z Mysteries Super Edition(총 12권), 1년 열두 달과 관련된 Calendar Mysteries(총 13권) 등 전체 3개의 시리즈가 있습니다

출간된 지 20년이 넘어 다양한 버전이 있습니다만, 내용은 다 같습니다. 만약 중고서점에서 이 책을 구매한다면 너무 누렇게 변색된 책만 조심하면 됩니다. 권당 8,000단어가 넘고 사건의 흐름을 논리적으

취향대로 고르는 대표적인 챕터북

A to Z Mysteries
시리즈

A to Z Mysteries
Super Edition
시리즈

Calendar
Mysteries
시리즈

로 잘 따라가야 해서 어렵게 느껴질 수도 있지만 글 자체의 난이도는
그렇게 높지 않습니다. 이 시리즈는 재미있게도 두운을 활용해서 알파
벳 순서대로 제목을 정했는데, 『The Absent Author』부터 『The Zombie
Zone』까지 순서대로 읽는 것이 좋습니다.

음원은 The Zack Files처럼 언어세상에서 녹음되었는데 여기서도
챕터가 바뀔 때마다 음악이 나오고 어느 챕터인지 알려주지요. 흐름이
곧잘 끊어지기는 하지만, 글밥이 많다 보니 The Zack Files보다는 흘
려듣기 하기가 좋습니다. 편안하게 듣기 좋은 목소리로 녹음되었으며
150~160wpm 수준이니 속도감이 있어 집중듣기에도 좋습니다.

유치원 때부터 친구인 동갑내기 3학년 아이들 조슈아 핀토(조쉬),
도널드 데이비드 던컨(딩크), 루스 로즈 해서웨이가 주인공입니다. 역시
삼총사지요? Judy Moody, The Zack Files도 그렇고 그 유명한 Harry
Potter도 삼총사인 걸 보면 이야기를 재미있게 하는 데에는 삼총사 조
합이 가장 이상적인가 봅니다.

이야기는 세 아이를 중심으로 전개되는데, 사건 자체에 포커스가 있는 시리즈여서 주인공들의 개성이 두드러지지는 않습니다. 아이들 모두 사건을 해결하는 데에 관심이 많고, 로즈는 같은 색깔로 온몸을 꾸미는 것을 좋아하고 다른 아이들을 잘 도와주는 아이로 묘사되는 정도이지요. 조쉬의 주변 인물로는 애완견 팔, 쌍둥이 동생 브래들리와 브라이언이 있고, 로즈의 주변 인물로는 남동생 네이트가 있습니다.

시리즈 정독 가이드
『The Absent Author』

주인공 삼총사는 미스터리 작가 왈리스 왈라스의 작품을 즐겨 읽는데, 어느 날 왈리스 왈라스가 저자 사인회에 나타나지 않으면서 1편

| 『The Absent Author』의 본문 |

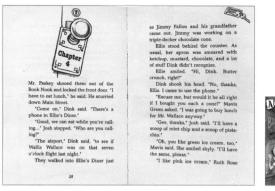

취향대로 고르는 대표적인 챕터북

『The Absent Author』의 이야기가 시작됩니다. 왈리스가 조쉬에게 개인적으로 방문하겠다는 편지까지 보냈네 말이지요. 사실 왈리스는 다른 사람으로 변장해서 조쉬가 '작가 실종 사건'을 해결하는지 살펴보려고 했답니다. 당연히 아이들은 사건을 멋지게 해결하고 진짜 왈리스를 찾아내지요. 어른의 시각에서 논리적인 개연성이 떨어지는 부분이 없진 않지만 초등학생이 보기에 딱 맞는 재미있는 탐정 이야기입니다.

독후활동으로는 Nate the Great와 같은 탐정물이므로 같은 틀에서 책의 내용을 정리하는 활동을 해볼 수 있습니다. 『The Absent Author』가 『Nate the Great』보다 어휘수는 3배 이상 많지만, 기본적인 틀은 똑같답니다.

| 탐정물 독후활동의 예 |

항목	내용
Case	• The author is missing.
Suspect	• Someone who followed the author!
Clues	• Being kidnapped could prevent the author coming to the Book Nook. • The author was being followed recently. • The author arrived at the airport on time. • Maureen dropped him off in front of the hotel. • The author checked into room 303 8:05 P.M. • He didn't answer the phone. • Someone with a strange signature checked into room 302. • No one stayed in room 302 or 303 last night.
Distraction	• The author is a man
Breakthrough	• The scarf, the color that the author likes.
Motive	• The author wanted to survey about kid detectives.

(Q) 컬러? 흑백? 어떤 챕터북을 골라야 하나요?

원래 챕터북은 누런 갱지에 흑백 인쇄가 일반적이었습니다. 하지만 2000년대부터 하얀 종이에 인쇄되어 나오기 시작하더니, 이제는 컬러 그림이 실려 있는 형태로 챕터북도 예쁘고 고급스럽게 바뀌고 있지요.

그런데 신간만 이렇게 바뀐 것이 아니라 이전에 나왔던 챕터북도 다시 나오는 경우가 많아졌습니다. 그러다 보니 혼란도 있는데요. 우선 책의 전체 페이지가 달라지고, 심지어 그림 작가도 달라져 새 책인지 이전에 나왔던 책인지 헷갈리는 경우가 제법 있습니다. 예를 들어, A to Z Mysteries나 Marvin Redpost처럼 표지만 바뀐 경우가 있고, 그래픽 노블 버전으로 나온 Magic Tree House나 일러스트레이티드 버전으로 나온 Harry Potter처럼 아예 본문 그림 자체가 바뀐 경우도 있습니다.

챕터북은 대부분 한두 번 읽고 중고로 내놓는 경우가 많기 때문에, 저는 새 책을 사기보다는 중고 매장을 주로 이용합니다. 갱지 버전의 챕터북을 중고로 살 때 특별히 주의를 기울여야 하는데요, 유명한 챕터북이라면 거의 반드시 더 예쁜, 새로운 버전이 나와 있을 가능성이 높기 때문이지요. 어른은 몰라도 아이들은 갱지 챕터북을 별로 좋아하지 않는다는 사실을 꼭 기억하세요.

취향대로 고르는 대표적인 챕터북

마빈 레드포스트
Marvin Redpost

초등학교 3학년생 마빈의, 배꼽 빠지게 웃기면서도 감동을 주는 일상 이야기를 그려낸 챕터북입니다. 뉴베리 수상작가인 루이스 새커(Louis Sachar)의 작품이지요. 총 8권이 출간되었으며, 권당 80페이지 내외입니다. GRL 지수가 M(AR 3점 전후)이고, 초등학생이라면 누구나 즐길 수 있는 내용입니다. 책은 순서에 상관없이 읽어도 되며, 음원 속도는 130~140wpm입니다.

| Marvin Redpost |

Kidnapped at Birth?   Why Pick on Me?   Is He a Girl?

주니 B 존스
Junie B. Jones

7살 주니 B의 일상을 코믹하게 담아낸 책으로, 초등 저학년 여자아이들이 즐겁게 읽기 좋은 챕터북입니다. 총 28권이 출간되었고, 권당 96페이지 내외의 분량입니다. 18편 이후로는 초등학생이 된 주니 B 이야기가 나오니 구분해서 읽는 것이 좋겠지요. GRL 지수는 M(AR 3점 전후)입니다. 음원 속도는 다소 빨라서 140~150wpm 정도입니다.

| Junie B. Jones |

Junie B. Jones and the Stupid Smelly Bus

Junie B. Jones and a Little Monkey Business

Junie B. Jones and Her Big Fat Mouth

아서 챕터북
An Arthur Chapter Book

TV 시리즈로 특히 유명한 챕터북입니다. 초등학교 3학년 아서의 일상을 재미있게 다룬 시리즈이지요. TV 시리즈는 총 23시즌, 246편

취향대로 고르는 대표적인 챕터북

Arthur's
Mystery Envelope

Arthur
and the Poetry
Contest

Arthur
and the Mystrery of
the Stolen Bike

의 에피소드가 나와 있을 만큼 많은 사랑을 받았지요.

챕터북은 1998년부터 2004년까지 총 33권이 출간되었으며, 권당 64페이지 내외의 분량입니다. GRL 지수는 M(AR 3점대)으로, 초등 전 학년의 아이들이 재미있게 읽을 수 있는 챕터북입니다. 책은 순서에 상관없이 읽어도 되며, 음원 속도는 140~150wpm입니다.

프래니 K 스타인
Franny K. Stein

과학을 소재로 한 픽션으로, 과학에 미친 특별한 소녀 프래니가 주인공입니다. 한 마디로 '어린이 매드 사이언티스트'가 주인공인 독특하고 다소 엽기적인 챕터북이지요. GRL 지수는 N(AR 4점대)으로 추천 연령은 초등 2학년 이상입니다.

Lunch Walks
Among Us

Attack of
the 50-ft. Cupid

The Invisible
Fran

2003년부터 10권이 출간되었으며, 아직 완결이 되지 않았습니다. 권당 110페이지 내외로 다소 길게 느껴지지만 그림이 많아 술술 읽힙니다. 책은 순서대로 읽는 것이 좋으며, 에듀카코리아에서 녹음한 음원의 속도는 150wpm 전후입니다.

플랫 스탠리
Flat Stanley

게시판에 깔려 납작해진 스탠리 이야기입니다. 작은 틈을 통과할 수 있고, 연처럼 하늘을 날 수 있으며, 종이처럼 접쳐 편지봉투에 들어가면 세계 어디든 갈 수 있는 특별한 아이의 모험 이야기랍니다. 상상력이 정말 대단하지요? 오리지널 스토리는 총 6권이 출간되었으며, 권당 100페이지 내외의 분량입니다. GRL 지수는 N(AR 3점대)으로, 초등

취향대로 고르는 대표적인 챕터북

| Flat Stanley |

Flat Stanley   Stanley, Flat Again!   Stanley in Space

2학년 이상의 아이들에게 추천합니다. 책은 순서대로 읽는 것이 좋으며, 음원 속도는 140~150wpm입니다.

호리드 헨리
Horrid Henry

8살 말썽꾸러기 헨리의 일상을 다룬 시리즈입니다. 헨리는 6살 동생 피터(Perfect Peter)를 괴롭히고, 음식을 던지고 밀치고 꼬집는 등 온갖 못된(horrid) 짓은 다하는데요. 호기심과 상상력, 엉뚱함까지 더해진 캐릭터의 일상이 눈을 뗄 수 없게 합니다. 그림책 작가 토니 로스의 그림이 책의 내용과 잘 어울리는 영국책으로 1994~2014년에 총 24권의 책이 나왔습니다. GRL 지수는 N(AR 3점대)이며, 권당 100페이지 내외의 분량입니다. 책은 순서에 상관없이 읽어도 되고, 음원은 영국식 발음으로 120wpm 전후입니다.

| Horrid Henry |

Horrid Henry

Horrid Henry Tricks
the Tooth Fairy

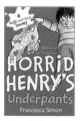

Horrid Henry's
Underpants

| 탐정물 챕터북 리스트 |

표지	제목	GRL	어휘수	권수	특징
	Cam Jansen	L	4,619	34	비상한 기억을 가진 캠이 친구 에릭과 사건을 해결하는 이야기
	Nancy Drew and the Clue Crew	N	9,402	40	8살 낸시와 두 친구가 맞닥트린 아기자기한 사건들
	The Rescue Princesses	P	12,607	15	공주와 동물을 좋아하는 아이들에게 추천하고 싶은 이야기
	Encyclopedia Brown	P	10,392	28	걸어다니는 사전, 천재 소년 브라운의 활약
	Kid Spy	U	61,192	5	유명 그림책 작가 맥 바넷의 작품, 2018년 아마존 베스트셀러, 뉴욕타임스 추천작

취향대로 고르는 대표적인 챕터북

| 챕터북 종합 레벨표 |

학년	GRL	챕터북		
초등 1학년	I	Fly Guy		
	J			
초등 2학년	K	Mercy Watson	Nate the Great	
	L	Black Lagoon	Cam Jansen	The Princess in Black
	M	Judy Moody	Magic Tree House	An Arthur Chapter Book
초등 3학년	N	The Zack Files	Franny K. Stein	Diary of a Pug
	O	Geronimo Stilton	My Weird School	The Mrs. Piggle-Wiggle Treasury
	P	The Bad Guys	Encyclopedia Brown	Wayside School
초등 4학년	Q	Amelia's Notebook	Bunnicula	Fudge
	R			
	S	Mysteries of Sherlock Holmes	The Last Kids on Earth	I Survived
초등 5학년	T	How to Train Your Dragon	The Chronicles of Narnia	
	U~V	The Terrible Two	Dork Diaries	Dear Dumb Diary
초등 6학년	W~X	The City of Ember	Harry Potter	
	Y~Z			

학년	GRL	챕터북			
초등 1학년	I				
	J				
초등 2학년	K				
	L	Kung Pow Chicken			
	M	Marvin Redpost	Owl Diaries	Ivy & Bean	Junie B. Jones
초등 3학년	N	A to Z Mysteries	Horrid Henry	Flat Stanley	Nancy Drew and the Clue Crew
	O	Amber Brown	Secrets of Droon	SpongeBob Squarepants	
	P	Time Warp Trio	Magic School Bus	Dragon Masters	The rescue Princesses
초등 4학년	Q	Alvin Ho	American Girl Books		
	R				
	S	Goddess Girls			
초등 5학년	T				
	U· V	Kid Spy			
초등 6학년	W~X				
	Y~Z				

CHAPTER 3.

세상을 읽는 힘,
논픽션 시리즈

논픽션 읽기,
픽션과 어떻게 다를까?

　새로운 물건의 사용설명서, 여행안내서, 신문기사, 건강정보… 이 모든 읽을거리의 공통점은 무엇일까요? 바로 논픽션이라는 거지요. 일상생활에 필요한 정보는 논픽션을 통해서 대부분 구할 수 있기 때문에 아이가 자라면서 접하는 세상이 넓어질수록 논픽션 읽기에 대한 중요성도 함께 커집니다.

　논픽션 읽기는 어휘 학습을 위해서도 꼭 필요합니다. 과학, 역사, 인물, 예술 등을 다루는 논픽션 글감 속 어휘는 픽션 읽기를 통해서는 익히기가 어렵기 때문이지요. 예를 들어, Oxford Read and Discover 시리즈의 『Eyes』를 읽으면, 자연스럽게 eyeball(안구), eyelid(눈꺼풀), pupil(동공) 등의 어휘를 반복적으로 접할 수 있습니다. 이 책이 물과 육지, 낮과 밤 등 시간과 장소에 따라 달라지는 동물들의 눈의 형태와 역할을 재미있게 다루는 책이기 때문입니다.

논픽션 리더스와 챕터북은 다양한 정보를 간단하고 명확하게 전달하기 위해 그래픽을 많이 사용합니다. 논픽션 읽기를 통해 그래프, 흐름도, 도표, 지도, 연대표, 캡션 등을 보고 정보를 습득하는 방법을 배우고, 더 나아가 그래픽을 이용해서 자신의 생각을 일목요연하게 나타내는 연습을 할 수도 있지요.

| 논픽션을 읽어야 하는 이유 |

일상의 읽을거리 / 특정 주제의 어휘 학습 / 그래픽 인식 능력 함양 / 흥미와 재미

혹시 논픽션은 어렵고 재미없다는 선입견을 가지고 있다면, 선명한 실사 그림과 아이들의 흥미를 끄는 재미있는 사실들을 잘 버무린 최신 논픽션 리더스, 챕터북을 한 번 살펴보시기 바랍니다. 그리고 픽션보다 논픽션을 더 좋아하는 아이들도 많습니다. 특히 남자아이들 중에 그런 경우가 많은데, 부모가 논픽션을 별로 좋아하지 않더라도 아이의 취향을 알아차리고 발전시키도록 노력을 기울여야겠지요. 과학과 인문 만화 시리즈인 Why에 푹 빠진 아이들이 우리 주변에도 참 많은데요. 논픽션도 충분히 재미있을 수 있다는 방증이 아닐까 합니다.

논픽션 시리즈 고를 때
주의할 점

논픽션 시리즈는 책을 고를 때 출간연도를 고려하는 것이 좋습니다. 아무리 좋은 책이라도 출간연도가 오래되었으면 정확한 정보를 담고 있기가 힘들고, 사진 또한 시간이 지나면 오래되고 촌스럽다는 느낌을 주기 때문이지요. 특히 사회과학(Social Study) 분야는 사람이 등장하는 사진이 나오는 특성상, 유행이 지난 복장 등으로 오래된 책이라는 느낌을 줘서 독서 의욕을 떨어트릴 수 있습니다.

반면 일러스트, 즉 그림을 이용한 책의 경우에는 수십년이 지나도 그림 자체를 보는 데에는 무리가 없습니다. Fly Guy Presents 시리즈의 『Sharks』와 Step into Reading의 『Hungry, Hungry Sharks!』는 비슷한 수준이면서 상어를 주제로 한 책이라는 공통점을 가지고 있습니다. 하지만 출간연도가 크게 차이가 나는데요. 실사 사진과 테드 아놀드의 일러스트가 함께 들어간 Fly Guy Presents 시리즈의 그림도 좋고, 모두 일러스트로만 이루어진 Step into Reading의 그림도 보기 좋습니다. 가장 큰 차이는 책 속에 담긴 정보인데, 2013년판 Fly Guy Presents 『Sharks』에서는 상어의 종류가 400개로 나오는데, 1986년판 『Hungry, Hungry Sharks!』에서는 300개로 나옵니다.

하지만 Step into Reading의 『Hungry, Hungry Sharks!』를 읽지 말라는 소리는 아닙니다. 이 책은 세월을 뛰어넘는 섬세한 그림, 읽기 쉽도록 의미 단위로 줄이 바뀌는 페이지 구성, 재미있는 내용 등 아주 잘 만들어진 책이거든요. 다만 정보 부분에 주의를 기울여야 한다는 것인데, 이는 같은 주제의 책을 여러 권 같이 읽으면 자연스럽게 해결될 수 있는 문제입니다. 책이 담고 있는 정보의 차이 또한 아이와 자연스럽게 나눌 하나의 이야기 소재가 될 수도 있고요.

논픽션 책으로
다독을 할 수 있을까?

외국어 학습자인 우리에게 정보를 기반으로 한 논픽션은 아무래도 정독에 더 가까운 책처럼 느껴집니다. 그래서 어휘를 익히고 내용을 정리하는 데에 도움이 되는 워크시트가 포함된 책을 고르거나 e-러닝을 통해 학습을 하는 것이 더 효과적으로 여겨지기도 합니다. 그런데 논픽션을 정독으로만 읽을 수 있는 것은 아닙니다.

'공룡'을 주제로 다독을 한다고 가정해봅시다. 픽션인 Magic Tree House의 『Dinosaur Before Dark』, Collins Big Cat의 『Scary Hair』, 그리고 논픽션인 DK Readers의 『Dinosaur Dinners』, National Geographic Readers의 『Dinosaurs』, Fly Guy Presents의 『Dinosaurs』를 함께 읽는다면, 픽션과 논픽션을 조화롭고 재미있게 읽으면서 공룡에 대한 지식을 반복적으로 쌓을 수 있는 좋은 기회가 되겠지요? 한 권한 권 읽을 때마다 새로운 사실이 나오기도 하고 반복되기도 하면서 지식은 더 탄탄해지고 넓어집니다. 이것이 바로 앞에서도 나왔던 '내로우 리딩(Narrow Reading)'입니다. 좁게 읽음으로써 해당 주제에 대한 배경지식은 물론 관련 어휘를 확실하게 익히는 방법으로, 다독이지만 정독과 비슷한 효과를 불러일으킬 수 있습니다. 각 시리즈 도서의 대략적인 수준을 안다면 아이가 서로 묶어서 읽도록 유도하는 것은 어렵지 않습니다. 물론 배경지식을 위해 한글책을 같이 읽는 것도 강력 추천합니다.

픽션과 논픽션으로 '내로우 리딩'을 해본다면요?

늑대를 주제로 한 책들

National Geographic–Wolves

Step into Reading–Wild Wild Wolves

Wolves by Emily Gravett

보호색을 주제로 한 책들

National Geographic–Animals That Changes Color

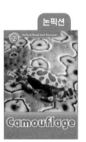

Oxford Read and Discover–Camouflage

A Color of His Own

중세시대를 주제로 한 책들

Fly Guy Presents–
Castles

Collins Big Cat–
How to Be a Knight
in 10 Easy Stages

Magic Tree House–
The Knight at the
Dawn

이집트를 주제로 한 책들

**National
Geographic
Readers-**Cleopatra

Collins Big Cat–
How to Be an
Ancient Egyptian
in 13 Easy Stages

Magic Tree House–
Mummies in the
Morning

논픽션 도서의 구성과
인포그래픽

논픽션은 책의 구성부터 픽션과 다릅니다. 논픽션 책은 전체적인 내용을 순서대로 알려주는 목차(Table of contents)로 시작합니다. 무엇에 관한 내용인지 목차를 훑어본 후 본문에 들어서면 페이지 상단에 소주제 제목(Heading)이 나와 지금 나오는 내용이 무엇에 관한 것인지 알려줍니다. 이어서 본문에 다양한 정보를 담고 있는 인포그래픽(Infographics)을 해독하며 책을 읽게 되지요. 책의 마지막에는 그동안 나왔던 주요 어휘의 뜻을 풀어서 설명한 용어 사전(Glossary), 본문 중 중요한 항목을 뽑아 모아놓은 색인(Index)이 나옵니다. 역사나 인물을 주제로 한 책이라면 연대표(Timeline)가 나오기도 합니다.

용어 사전 ——— 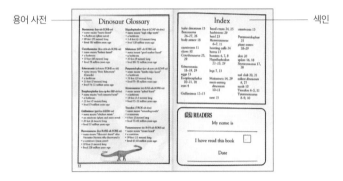 ——— 색인

논픽션의 핵심, 인포그래픽의 종류

인포그래픽이란 인포메이션 그래픽(Information Graphics)의 줄임말로, 정보를 명확하면서도 한눈에 볼 수 있게 시각화한 것을 말합니다. 그래픽으로 정보를 전달하는 인포그래픽 읽는 법을 배우는 것은 논픽션 읽기의 주요 학습 목표 중 하나입니다.

① 소주제 제목(Heading)

논픽션은 픽션과 달리 책 전체를 관통하는 스토리가 없습니다. 그래서 세세한 정보가 담긴 글을 읽다 보면 큰 흐름을 놓치기가 쉽습니다. 눈을 보호하는 낙타의 길고 예쁜 속눈썹을 보다가 낙타의 귀여움과 사막 여행으로 생각이 흘러가버리는 식으로 말이지요. 이것이 바로 지

소제목

캡션

차트

금 읽고 있는 정보가 어떤 주제에 속하는지를 명시적으로 나타내는 소제목들이 논픽션 책에 나오는 이유랍니다.

② 캡션(Caption)

논픽션 책에서는 한 페이지 안에 여러 장의 이미지가 나오는 경우가 많습니다. 이때 각 이미지에 대한 설명을 자막처럼 따로 붙이는 것을 캡션이라고 합니다. 캡션은 때때로 더 깊이 있는 정보를 전달할 때도 사용되는데, 아이의 수준에 따라 선별적으로 활용하면 됩니다.

③ 차트(chart)

차트는 그래프, 벤다이어그램, 파이차트 등을 이용해서 한눈에 모든 것을 볼 수 있도록 일목요연하게 내용을 정리해서 표현하는 인포그래픽의 한 종류입니다.

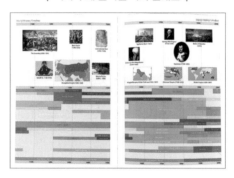

④ 연대표(Timeline)

주로 인물이나 역사를 소재로 한 논픽션 책에서 볼 수 있는데 시간의 흐름에 맞추어 내용을 정리한 인포그래픽입니다.

⑤ 단면도(Cross Section)

말 그대로 어떤 사물을 잘라 단면을 보여주는 그림입니다. 사물의 내부 구조를 보여줄 때 사용되지요. 과일, 사물, 장소, 지구 등 아이들이 궁금해하는 모든 것이 그 대상이 됩니다.

| 단면도 활용의 예 |

PART 1

과학 논픽션

옥스퍼드 리드 앤 디스커버(ORD)
Oxford Read and Discover

📊	CEFR	**A1~B1**
📘	권수	**총 60권**
📄	면수	**32~56페이지**
🔍	특징	**과학과 기술, 자연, 미술과 사회**

　2010년에 출간된 논픽션 리더스로 6개 레벨, 60권으로 구성된 수준 높은 리더스입니다. 영국에서 나온 책이라 GRL 지수가 명확하게 나와 있지는 않지만, 렉사일 지수는 400L~900L입니다. 책의 마지막 페

| Oxford Read and Discover 레벨표 |

Trees
(Level 1)

Camouflage
(Level 2)

How We Make
Products
(Level 3)

Wonders of
the Past
(Level 4)

이지는 주요 어휘가 담긴 용어 사전이 있는데 Level 4까지는 그림 사전의 형태로, Level 5부터는 영영사전식 풀이가 있습니다.

ORD의 가장 큰 득징 중 하나는 10페이지 이상의 워크시트가 있다는 점입니다. 각 챕터의 핵심 어휘와 주요 내용을 꼼꼼하게 다루고 있으며, 문제 유형도 다양해 지루할 틈이 없는, 활용도가 높은 워크시트입니다. 원한다면 16페이지로 이루어진 별도의 흑백 워크북을 구매할 수도 있으나 본책만으로도 충분해 보입니다.

옥스퍼드 출판사에서 나온 책이라 음원은 영국식과 미국식 둘 다 제공합니다. 음원 속도는 Level 6에 가서도 110wpm 전후에 그칠 만큼 느립니다. 이는 정보 전달을 목적으로 하는 논픽션 책의 특징인데, 내

홈페이지에는 교사를 위한 자료를 다운받을 수 있는데 로그인 후 사용 가능합니다. 레슨 플랜, 정답지, 어휘 사전 등이 있습니다.

과학 논픽션

용을 차근차근 꼭꼭 눌러서 전달하는 느낌입니다. 길고 생소한 용어도 많이 나오므로 음원을 적절히 활용할 것을 추천합니다.

레벨 간의 격차가 큰
논픽션 리더스

과학과 기술(The World of Science & Technology), 자연(The Natural World), 예술과 사회(The World of Arts & Social Studies)의 3개 카테고리로 분류되어 있는데, 다양한 분야를 다루고 있는 것은 장점이지만, 분야당 전체 권수가 적다는 점, 전체적으로 난이도가 높은 점은 다소 아쉬운 부분입니다. 또한 레벨 간의 차이가 큰 편이라 한 레벨이 끝나도 바로 다음 레벨의 책을 읽기는 어려우므로, 다른 책으로 읽기 실력을 키

| 『Eyes』(Level 1)의 본문 |

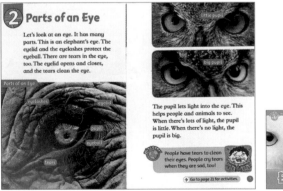

운 후에 다음 레벨로 넘어가는 것이 좋습니다.

책의 모든 이미지는 사진을 기본으로 하고 있으며, 섬세하고 수준 높은 인포그래픽이 적재적소에 잘 들어가 있는 것은 이 시리즈의 장점입니다. 이 리더스는 물론이고 앞서 소개한 Oxford Classic Readers까지 옥스퍼스의 리더스들은 모두 e-북으로도 구매할 수 있습니다. 책 속 워크시트를 온라인 학습으로 연결해놓은 e-러닝은 국내 온라인 영어학습 프로그램 '리딩앤'에서 접할 수 있습니다.

| Oxford Read and Discover |

레벨	CEFR	어휘수	권수	페이지
Level 1		659~707	10	32
Level 2	A1	798~855	10	40
Level 3		1,200~111,395	10	48
Level 4	A1~A2	1,663~1,754	10	48
Level 5	A2~B1	3,357~3,489	10	56
Level 6	B1	3,663~3,869	10	56

과학 논픽션

내셔널 지오그래픽 리더스
National Geographic Readers

📊	GRL	C~S (AR 4점대까지)
📖	권수	**총 130권 이상** (신간 출시 중)
📋	면수	**32~48페이지**
🔍	특징	**과학, 역사, 인물**

2010년부터 현재까지 총 130권 이상 출간된 가장 대표적인 논픽션 리더스입니다. 지금도 신간이 활발하게 출간되고 있고 유치 단계부터 초등 저학년까지 즐길 수 있는 다양한 수준의 책을 포함하고 있어 활용도가 아주 높은 리더스입니다.

| National Geographic Readers 레벨표 |

| Safari | Polar Bears | Barack Obama | Titanic |
| (Pre-reader) | (Level 1) | (Level 2) | (Level 3) |

총 5개의 레벨로 나누어져 있으며, 동물 등 자연과학 분야를 다룬 책들
이 주를 이루지만 중요한 역사적 사건이나 지리 등 사회과학 주제의 책
도 포함되어 있습니다. 뿐만 아니라 클레오파트라 같은 역사 인물부터
넬슨 만델라, 버락 오바마 같은 무겁지 않은 현대의 위인들까지 다루고
있지요.

이 책의 특징은 생생하고 수준 높은 사진 이미지, '아재개그' 같은
엉뚱하고 재미있는 퀴즈, 1~2페이지 분량의 워크시트, 그림 카드 형식
을 띤 용어 사전 등을 들 수 있습니다. 특히 내셔널 지오그래픽의 명성
에 걸맞게, 두 페이지를 가득 채우는 커다란 사진들을 보는 것만으로도
페이지를 쉽게 넘길 수 있을 만큼 압도적으로 화질이 좋습니다.

모든 책은 e-북으로 구매 가능하며, 유워은 나와 있지 않습니다. 관
련 동영상 등 간접적인 연관 자료가 있는 내셔널 지오그래픽 웹사이트
를 활용하는 것도 추천합니다.

어려운 어휘도 읽기 쉽게, 친절하고 유쾌한 편집

중간중간 박스 형태로 어려운 어휘에 대한 설명을 추가하는 부분이 있습니다. 재미있는 것은, 어휘 박스의 소제목을 책의 특성에 맞게 붙인 점입니다. 예를 들어, 『Wild Cats』에서는 'Fur Word'라는 표현을, 『Meerkats』에서는 'Wild Word', 『Dinosaurs』에서는 'Word Bites', 『Alligators and Crocodiles』에서는 'Croc Talk'이라는 표현을 사용해서 독자들에게 소소한 즐거움을 줍니다. 이런 소제목에 두운이나 라임까지 고려해서 리듬감을 부여했다는 점도 특별하게 느껴집니다.

중요한 어휘이지만 발음 규칙에 벗어나거나 너무 길어서 읽기 어려울 때, 음절 단위로 끊어서 표기한 점도 눈에 띕니다. "museum(mew-ZEE-um)", "species(SPEE-sheez)", "camouflage(KAM-uh-flazh)" 이런 식으로 말이지요. 이때 강세가 있는 부분을 대문자로 표기해서 아이들이 더욱 쉽게 해당 어휘를 읽을 수 있답니다. 이런 방식으로 풀어 쓰는 어휘 표현은 Collins Big Cat, Fly Guy Presents 등 다른 논픽션 리더스에서도 볼 수 있습니다.

내셔널 지오그래픽 키즈 홈페이지에는 높은 퀄리티의 영상 자료들을 모아두었습니다. 도서와 관련된 주제의 영상을 찾아 아이와 함께 보는 것도 좋겠습니다. www.kids.nationalgeographic.com

어휘 박스 ——————

내용 이해 퀴즈와
말놀이 퀴즈

본문을 읽다 보면 퀴즈가 나오는데, 논픽션이니만큼 책의 내용에 관한 어려운 퀴즈가 아닐까 싶지만 '아재개그' 느낌이 물씬 나는 말놀이 퀴즈랍니다. 『Wild Cats』의 본문 속 퀴즈를 한번 볼까요?

Q. Why are cats good at video games? (고양이는 왜 비디오 게임을 잘할까?)

A. Because they have nine lives. (고양이는 목숨이 9개니까.)

Q. What's a cat's favorite song? (고양이가 제일 좋아하는 노래는?)

A. Three Blind Mice (눈 먼 생쥐 세 마리(전래동요).)

Q. What game did the cat like to play with the mouse? (고양이가 생

쥐랑 같이 하고 싶어하는 게임은?)

A. Catch! (잡기 놀이!)

Q. What side of a cat has the most fur? (고양이 털은 어느 쪽에 제일 많이 나 있을까?)

A. Outside! (바깥쪽!)

책의 내용과 전혀 상관없는 재미있는 말놀이 퀴즈인데, 일정 수준의 문화적 배경지식을 요하기 때문에 외국어 학습자들에게는 즐기기 쉽지 않아 보입니다. 그래서 마음 편하게, 할 수 있는 만큼만 하고 넘어가도 됩니다.

책의 말미에 나오는 2페이지 분량의 워크시트에는 어휘 관련 간단한 퀴즈와 내용 이해 질문, 내용 요약 문제 등이 들어 있어 가볍게 내용을 정리하는 데 도움이 됩니다.

| National Geographic Readers |

레벨	GRL	권수	페이지
Pre-reader	C~I	28	24
Level 1	F~M	45	32
Level 2	J~Q	40	32
Level 3	M~S	31	48
Level 4			48

브레인뱅크
Brain Bank

📊	GRL	**A~M**
📖	권수	**총 128권**
📄	면수	**16~32페이지**
🔍	특징	**과학, 사회**

SCHOLASTIC
BRAIN BANK

2006~2007년에 스콜라스틱에서 출간한 과학과 사회 주제의 논픽션 리더스입니다. Grade K(유치 단계), Grade 1(초등 1학년) 레벨에서는 특히 홀로그램, 플립 플랩(들추며 읽는 책), 촉감책 등이 일부 포함되어 있고 책의 크기가 다양해서 아이들이 쉽게 흥미를 느낄 수 있도록 구성되어 있습니다.

GK와 G1의 경우 내용이 짧고 쉬워 본격적인 논픽션 책 읽기에 들어가기 전에 접하기 좋은 리더스입니다. 또한 한국 수입사에서 만든 워크북이 나와 있어 정독 교재로 활용하기에도 좋습니다. 16페이지 분량

| Lights | Mother's Day | Eye-Openers | Talking Teeth |

의 워크북은 어휘, 내용 이해, 사이트워드, 문장 패턴 연습 등 다양한 내용이 스티커와 함께 담겨 있어 편리하게 책의 내용을 학습으로 연결시킬 수 있습니다.

유치 단계에 있는 아이들부터 읽을 수 있는 논픽션 리더스이고 유튜브에 출판사가 제공하는 수업 동영상이 올라와 있어 활용도가 높은 것은 장점이지만, 사진이 들어간 사회 분야의 책에서 세월의 흔적이 느껴지는 것은 단점입니다. 3학년부터 5학년까지의 책도 발간되어 있는데 한국에서는 현재 2학년 책까지만 구매 가능합니다.

| Brain Bank |

레벨	GRL	권수	페이지
GK	A~F	40	16
G1	E~I	40	16
G2	J~M	48	32

플라이 가이 프레젠트
Fly Guy Presents

📊	GRL	**N** (AR 3점대)
📖	권수	**총 15권 이상** (신간 출시 중)
📃	면수	**32페이지**
🔍	특징	**과학, 사회**

베스트셀러 얼리 챕터북인 Fly Guy 시리즈에 이은 논픽션 시리즈입니다. 버즈와 플라이 가이가 이야기를 이끌어가고 저자 테드 아놀드 특유의 유머가 곳곳에 녹아 있는 점은 픽션 리더스와 비슷합니다. 그리고 논픽션 리더스에서 볼 수 있는 목차, 소제목, 용어 사전 등이 포함되어 있지 않아 얼핏 사진이 많은 픽션 리더스 느낌입니다.

하지만 과학과 사회 분야의 정보를 전달하는 논픽션이고 일러스트보다는 사진이 주를 이룬다는 점, 글의 난이도가 더 높다는 점에서 기존의 Fly Guy 시리즈와 차이가 있습니다. National Geographic Readers

The White House   Police Officers   Garbage &   Monster Trucks   Sharks
                                    Recycling

처럼 어려운 어휘는 음절 단위로 끊어서 표기하고 강세가 있는 부분을
대문자로 표기했습니다. 중간중간 들어가 있는 버즈와 플라이 가이의
말풍선이 재미를 더해주며, Fly Guy 시리즈를 좋아했던 아이라면 더욱
즐겁게 읽을 수 있습니다. 2013년부터 현재까지 15권이 출간되었는
데, 처음에는 과학 분야 위주로 나오다가 최근에는 사회 분야로 영역을
넓히고 있습니다.

| 『Insects』의 본문 |

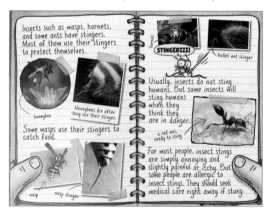

PART 2.

인문과 사회 논픽션

리틀 피플 빅 드림즈
Little People, Big Dreams

📊	CEFR	**B1** (AR 3.8~5.3)
📖	권수	**총 74권 이상** (신간 출시 중)
📄	면수	**32페이지**
🔍	특징	**인물**

제인 오스틴(문학), 아인슈타인(과학), 프리다 칼로(예술), 마이클 조던(스포츠), 마틴 루터 킹(정치), 존 레넌(음악), 브루스 리(영화) 등 근현대를 대표하는 다양한 분야 명사들의 일대기를 소개한 시리즈입니다. 퀴리 부인과 같은 전통적인 위인은 물론이고, 자신의 분야에서 대중들에게 이름을 남긴 인물까지 골고루 포함되어 있습니다. 2021년 가을에 출간되는 인물 중에는 마릴린 먼로와 미셸 오바마가 있을 만큼 기존의 위인전과는 상당히 다른, 다소 파격적인 위인전이기도 하지요.

그래서 이 시리즈는 커다란 업적을 남긴 과학자나 역사를 바꿀 만

| Little People, Big Dreams |

Marie Curie   Audrey Hepburn   Muhammad Ali   Steve Jobs

큼 영향력 있었던 영웅에 대한 이야기를 주로 다뤄왔던 위인전을 읽을 때와는 감상이 다릅니다. 19세기 이후의 인물들을 주로 다루고 있는데다 다양성과 개성, 도전에 높은 가치를 두고 인물을 선정했기 때문에 많은 아이들에게 보다 직접적으로 영향을 주는 책입니다. 하고 싶은 일을 온 마음으로 하는 용기를 주는 책이라고 할 수 있지요.

남성보다는 여성 위인의 비중이 월등하게 높고, 귀엽고 세련된 일러스트가 돋보이는 시리즈로, 남자아이들보다는 여자아이들의 선호도가 높은 편입니다. 2016~2021년에 총 74권이 출간되었는데, 신간 발매 속도가 놀라울 만큼 빠릅니다.

아이가 만 4세 이상이라면 부모가 읽어줄 수 있고, 전부 일러스트로 이루어져 있다는 점에서 그림책에 가까운 책이라고 할 수 있습니다. 그림 읽기가 가능할 만큼 일러스트의 수준과 비중도 높습니다. 하지만 마지막에 나오는 연대표에서 등장인물의 사진이 나오고, 실존인물을 소개하고 있기에 논픽션 리더스로 분류했습니다.

글밥이 많은 책은 아니지만, 모두 특정 분야에서 일가를 이룬 사람에 관한 책이므로 어휘 수준은 높은 편입니다. 그래서 아이가 혼자서 읽을 때는 초등 2~3학년 수준이라는 평가를 받고 있습니다. 모두 하드커버로 고급스럽게 나오고 있어 가격은 다소 비싼 편이고, 국내 출판사 '달리'에서 한국어판이 나오고 있습니다.

| 『Coco Chanel』의 본문 |

월드 히스토리 리더스
World History Readers

📶	CEFR	A2~B2
🅱	권수	총 60권
📑	면수	32페이지
🔍	특징	역사와 인물

WORLD HISTORY
READERS

　이 시리즈는 세계사를 주제로 국내 출판사가 만든 리더스입니다. 세계 여러 나라의 역사와 문화를 소재로 인문학적 지식을 다양한 이미지로 깊이 있게 다룬 리더스이며, 풍부한 온라인 자료가 매력적입니다. 책 속에는 벽화나 유물, 유적지의 모습, 영화의 한 장면, 명화 등의 사진 이미지와 삽화까지 다양하게 들어가 있어 재미있게 책을 읽을 수 있으며 내용도 쉽게 이해할 수 있습니다.

　리더스로 분류되어 있지만, 글의 난이도는 Level 1, 2가 Judy Moody나 The Zack Files와 비슷한 수준이고, 레벨이 높아질수록 난이

| World History Readers |

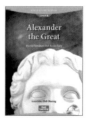

The Tower of Babel   The Neo-Assyrian Empire   Space Exploration   Alexander the Great

도가 올라가니 사실상 챕터북 수준이라고 보면 됩니다. 책 속에 내용 이해 질문이 포함된 워크시트와 용어 사전이 한 페이지씩 포함되어 있습니다.

출판사 홈페이지에서 레슨 플랜, 수업용 PPT, 내용 이해와 어휘 학습, 쓰기에 관한 워크시트를 다운받을 수 있습니다. 음원도 무료로 받을 수 있는데, 속도는 130wpm 정도입니다. 국내에서 제작된 책이지만 다독 분야의 세계적인 권위자인 롭 웨어링이 참여한 점이 눈에 띕니다.

홈페이지에서 다양한 자료를 회원가입 없이 다운받을 수 있습니다. 한글 번역본, 어휘 목록, 워크시트와 답지, 음원, 레슨 플랜, 수업용 PPT를 제공합니다. www.seed-learning.kr/whr/

| 『Cleopatra』(Level 3)의 본문 |

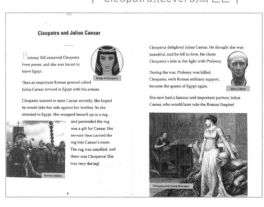

| World History Readers |

레벨	CEFR	어휘수	권수	페이지
Level 1	A2	600	10	
Level 2		750	10	
Level 3	B1	900	10	32
Level 4		1,050	10	
Level 5	B2	1,200	10	
Level 6		1,400	10	

후 워즈/이즈?
Who Was/Is?

📊	GRL	**N~X** (AR 4.1~6.7)
📖	권수	**총 250권 이상** (신간 출시 중)
📄	면수	**110페이지**
🔍	특징	**인물**

　마하트마 간디, 링컨 대통령, 알렉산더 대왕 같은 전통적인 위인은 물론 생존인물인 힐러리 클린턴(정치), 마이클 조던(농구선수), 오프라 윈프리(방송인), 빌 게이츠(컴퓨터) 등도 소개하는, 신선한 형태의 위인전이라고 할 수 있습니다. 아동문학 작가인 로알드 달, 에릭 칼, J. K. 롤링, 모리스 센닥 등이 그림 형제, 안데르센과 함께 목록에 포함되어 있다는 점도 특별합니다.

　권당 어휘수가 6,000~9,000개에 이를 만큼 내용이 길고, 글의 난이도도 인물에 따라 초등 3~6학년 수준까지 다양합니다. 신간이 상당

Who Was Levi Strauss?　Who Was David Bowie?　Who Was Princess Diana?　Who Was Ruth Bader Ginsburg?

히 활발하게 출간되고 있고, 책의 난이도가 높은 편이라서 세트로 사기보다는 읽고 싶은 인물을 검색해서 한 권씩 읽어나갈 것을 추천합니다.

2018년 넷플릭스에서 이 시리즈에 기반한 30분짜리 코미디 드라마 13편이 방영되기도 했습니다. 우리나라 TV 프로그램 〈서프라이즈〉와 비슷한 재연 드라마 느낌인데, 어린이들이 출연진으로 나와 특별한 재미가 있습니다.

연관도서로 유명한 사건, 역사적 사실, 자연재해 등을 다룬 What Was? 시리즈 59권이 있습니다. 그리고 갈라파고스 섬, 피라미드, 자유의 여신상, 할리우드, 에베레스트 산, 버뮤다 삼각지대 등 흥미로운 장소를 소재로 한 Where Is? 시리즈도 37권이 출간되었습니다.

이렇게 각각 다른 시리즈인 Who Was?, What Was?, Where Is?는 하나의 주제로 묶어서 같이 읽어도 좋습니다. 예를 들어, 고대 이집트를 주제로 『Who Was King Tut?』과 『Where Are the Great Pyrmids?』를 같이 읽는 식으로 말이지요.

학년	GRL	논픽션			
		Oxford Read and Discover	National Geographic Readers	Our World	Brain Bank
유치	A			Level 1	GK
	B				
	C		Pre-reader		
	D			Level 2	
초등 1학년	E				G1
	F				
	G	Level 1	Level 1	Level 3	
	H				
	I	Level 2			
	J				
초등 2학년	K		Level 2	Level 4	G2
	L	Level 3			
	M				
초등 3학년	N	Level 4	Level 3	Level 5	
	O				
	P	Level 5		Level 6	
초등 4학년	Q	Level 6			
	R				
	S				
초등 5학년	T				
	U~V				

학년	GRL	논픽션		
		World History Readers	**기타**	
유치	A			
유치	B			
유치	C			
유치	D			
초등 1학년	E			
초등 1학년	F			
초등 1학년	G			
초등 1학년	H			
초등 1학년	I			
초등 1학년	J			
초등 2학년	K			
초등 2학년	L			
초등 2학년	M		Little People Big Dreams	
초등 3학년	N	Level 1~2	Little People Big Dreams	Fly Guy Presents
초등 3학년	O	Level 1~2	Little People Big Dreams	Who Was/Is?
초등 3학년	P	Level 1~2	Little People Big Dreams	Who Was/Is?
초등 4학년	Q	Level 3~4		Who Was/Is?
초등 4학년	R	Level 3~4		Who Was/Is?
초등 4학년	S	Level 3~4		Who Was/Is?
초등 5학년	T	Level 5~6		Who Was/Is?
초등 5학년	U~V	Level 5~6		Who Was/Is?

CHAPTER 4.

재미와 학습을 한 번에,
그래픽 노블

그래픽 노블과
영어 학습

온라인 웹툰부터 이모티콘까지, 일상에서 자연스럽게 이미지를 사용하는 시대입니다. 태어나면서부터 온갖 미디어에 노출된 요즘 아이들은 이전 세대와 다르게 이미지 정보를 훨씬 더 빠르고 정확하게 받아들일 수밖에 없겠지요. 이에 힘입어 만화라는 장르는 새로운 시대의 읽을거리로 빠르게 자리 잡아가고 있습니다.

우리나라의 어린이 만화 시장은 대체로 학습 만화가 차지하고 있습니다. 주로 한자, 역사, 그리스로마 신화, 과학 등 지식을 재미있게 전달하는 데 초점을 맞춘 시리즈물이 많습니다. 그런데 영미권에서 최근에 나오는 만화와 그래픽 노블은 학습보다는 읽기의 즐거움에 초점을 맞춘 경우가 더 많습니다. 책 읽기에 흥미를 느끼지 못하는 아이들을 위해 책을 읽는 데 도움이 되는 재미있는 글감이 되고 있지요.

그래서인지 영미권 그래픽 노블 중에는 글의 읽기 수준은 초등 저학년인데, 글의 인지 수준은 초등 고학년이거나 중학생 이상인 책이 많습니다. 이는, 그래픽 노블이 우리나라 아이들에게 적합한 영어 읽기 자료라는 뜻이기도 합니다. 인지 수준은 높은데 영어 수준이 낮은 초등 중-고학년 아이들이 '유치하다고 느끼는' 책을 읽느라 영어에 흥미를 잃어갈 때 읽기 딱 알맞은 읽을거리가 바로 그래픽 노블이지요. 이것이 바로 제가 리더스, 챕터북과 함께 그래픽 노블을 소개하는 이유이기도 합니다.

그래픽 노블, 만화와 무엇이 다를까?

그래픽 노블(Graphic Novel)은 만화(Comic Book)의 한 장르입니다. 만화의 일종이지만, 좀 더 예술성 있고 소설처럼 탄탄한 이야기 구조를 갖춘 작품을 일컬어 '그래픽 노블'이라고 하지요. 그 중심에는 아트 스피겔먼(Art Spiegelman)이 1980~1991년에 연재한 『Maus』가 있습니다. 이 작품이 1992년 퓰리처상을 수상하면서, 만화가 비교육적이라는 대중의 시각을 일거에 바꾸었지요. 그 후 그래픽 노블이라는 이름으로 다양한 책들이 나오게 되었습니다.

2000년대에 들어서면서부터 그래픽 노블이 본격적으로 출간되기 시작했는데요, 전형적인 슈퍼히어로 이야기에서 벗어나 판타지, 성장,

| Maus | Smile | New Kid | The Witch Boy | American Born Chinese |

성 정체성, 역사, 사회, 과학 등 다양한 소재를 바탕으로 흥미진진하면서도 유익한 읽을거리들이 많습니다. 대표작으로, 레이나 텔게마이어의 『Smile』, 씨씨 벨의 『El Deafo』가 있는데요, 두 작품 모두 자전적 성장소설이어서 아이들의 공감을 얻기에 충분한 이야기가 담겨 있지요. 섀넌 해일의 Real Friends나 제리 크래프트의 『New Kid』 역시 우정과 학교 생활을 주된 소재로 하고 있어 아이들이 쉽게 몰입할 수 있는 책들입니다. 그리고 기존의 성 역할에서 벗어나 하고 싶은 일을 찾아가는 남자 주인공의 심리를 섬세하게 묘사한 젠 왕의 『The Prince and the Dressmaker』와 몰리 오스터태그의 The Witch Boy 시리즈도 많은 독자들에게 사랑받고 있습니다. 중국계 미국인 진 룬 양의 『American Born Chinese』, 일본계 미국인 카즈 키부이시의 Amulet 등은 책을 통해 자연스럽게 중국과 일본의 문화를 느낄 수 있기 때문에 문화적 다양성 측면에서 가치 있는 작품들이라고 할 수 있지요.

그래픽 노블이 아이들 영어 학습에
최적인 이유

많은 학부모들이 아이가 그래픽 노블에 재미를 붙이면 다른 책은 안 읽는 것이 아닐까 염려하기도 합니다. 그런데 읽기 능력을 향상시키려면 실제로 글을 읽는 시간 자체를 늘려야 합니다. 책을 꾸준히 읽으려면 내용에 대한 이해와 책을 읽는 즐거움이 동시에 만족되어야 하는데, 인지 수준과 영어 읽기 능력 사이에 차이가 큰 우리나라 아이들의 경우 마땅한 읽을거리를 찾는 데에 어려움이 많은 것이 현실입니다. 그런 의미에서 그래픽 노블은 이미지 정보에 익숙한 우리 아이들에게 꼭 맞는 읽을거리인 셈이지요. 그래픽 노블로 읽기에 재미를 붙이고 영어 실력이 늘면 자연스럽게 다양한 글감으로 범위를 넓혀갈 수 있을 것입니다.

그래픽 노블은 글의 난이도가 사실 챕터북에 비하면 쉬운 편입니다. 거기에 그림의 도움까지 받을 수 있으니 읽기가 훨씬 수월합니다. 하지만 경험적 배경지식을 요하는 내용이 많아서, 연령이 좀 높아야 글의 내용을 제대로 이해할 수 있습니다. 그리고 글자가 대문자로 나오는 경우가 많아 처음에는 읽는 데에 속도가 안 붙어 고생을 하기도 하지요. 물론 계속 읽다 보면 대문자 문장에도 금방 익숙해집니다.

수준 높은 그래픽 노블의 출간과 함께 그래픽 노블을 어떻게 언어 학습에 활용할지에 관한 연구도 활발하게 이루어지고 있습니다. 가장 쉽게 할 수 있는 학습방법으로는 특정 페이지를 복사해서 각 장면을 자

른 후, 순서대로 장면을 나열하면서 그 내용을 말해보는 활동을 해볼 수 있습니다. 다소간의 작업이 필요하겠지만 말풍선이 사라진 그림과 말풍선을 매칭하는 활동이나, 그림만 있는 페이지에 말풍선을 만들어 보는 것도 학습적으로 유용합니다.

최종적으로는, 아이들이 직접 그림을 그리고 말풍선을 달아 직접 만화를 만드는 활동을 해볼 수 있을 것입니다. 만화를 직접 만드는 것은 물론 쉬운 일이 아니지요. 그럴 때 유용한 책이 바로 데이브 필키의 『Cat Kid Comic Club』입니다. 만화책을 어떻게 만드는지 올챙이들에게 강의하는 형식으로 된 그래픽 노블인데요, 아주 자세하면서도 재미있게 구성되어 있으니 만화 창작에 관심 있는 아이라면 한 번 읽어봐도 좋겠습니다.

그래픽 노블 추천목록은 어디에서 구할 수 있나요?

만 5~12세 아이들을 위한 그래픽 노블 추천목록을 소개하는 사이트가 많지만, 저는 굿리즈(Goodreads.com)의 목록(Listopia)을 추천합니다. 굿리즈는 도서 추천 커뮤니티인데, "Best Graphic Novels for Children"으로 검색하면 가장 많이 추천받은 순서대로 순위가 매겨진 목록을 얻을 수 있습니다. 다만, 여기에는 그래픽 노블, 코믹스, 망가(manga, 일본 만화), 혼합물(graphic-novel hybrids, 특별히 그래픽이 많은 일반 도서) 등이 다 포함되어 있습니다. 어린이책 분야에서 그래픽 노블과 코믹스 등을 명확하게 구분하기가 쉽지 않기 때문입니다.

| 굿리즈의 Listopia |

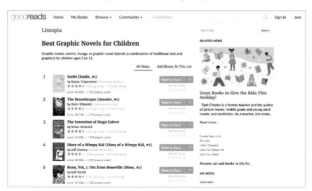

PART 1.

그래픽 노블 시리즈물

툰 북스
Toon Books

🖊	렉사일	**BR~1300L**
📊	GRL	**E 이상**
📖	권수	**총 61권 이상** (신간 출시 중)
📄	면수	**32~120페이지**

TOON BOOKS

    Toon Books는 유치 단계의 아이들부터 초등 고학년까지, 만화를 통한 즐거운 읽기 연습을 위해 만들어진 카툰/그래픽 노블 시리즈입니다. Garfield의 짐 데이비스(Jim Davis), Bone 시리즈의 제프 스미스(Jeff Smith) 등 세계적 명성을 지닌 만화가들이 아이들의 읽기 연습이라는 목표를 위해 참여했다는 점에서 감동적입니다. 시리즈 중에는 만화의 아카데미상이라 불리는 아이즈너상 금상 수상작 2권과 은상 수상작 13권, 가이젤상 금상 수상작 1권과 은상 수상작 2권도 포함되어 있습니다. 전체 도서 중 절반 이상의 책이 유수 기관의 수상목록이나 추천목록에 이름을 올리고 있으니, Toon Books가 재미와 학습이라는 두 마리 토끼를 다 잡았음을 알 수 있지요?

　Toon Books는 Level 1~3과 Toon Graphics까지 모두 4단계로 나누어져 있습니다. Level 1인 First Comics는 주로 사이트워드를 사용한 짧은 문장으로 이루어져 있는데, 한 페이지에 1~2개의 컷이 있고 하나의 주제 혹은 한 명의 캐릭터가 내용을 끌어가는 경우가 많아 스토리라인이 단순합니다. 전체 20권이 출간되었습니다. Level 2인 Easy-to-Read Comics는 전체 18권으로 패턴이 반복되는 짧은 문장으로 이루어져 있습니다. 한 페이지에 1~4개의 컷이 있고 여러 명의 캐릭터가 나오기도 하지만 전반적으로 스토리라인이 역시 단순합니다.

　Level 3인 Chapter-Book Comics는 챕터로 나누어진 책으로 문장이 길고 등장하는 캐릭터도 많습니다. 등장인물 간의 관계가 복잡해지며, 다양한 시간과 공간을 배경으로 깊이 있는 이야기가 전개됩니다. 현재 9권이 출간되었습니다. 마지막 단계인 Toon Graphics는 초등 3학년 이상 아이들을 위한 책으로 전래동화, 그리스 신화, 판타지, 미국 역사 등 다양한 내용을 깊이 있게 다룬 14권의 책으로 구성되어 있습니다.

| Toon Books |

Little Mouse Gets Ready
(Level 1)　　The Big No-No!
(Level 2)　　Stinky
(Level 3)　　The Dragon Slayer
(Toon Graphics)

그래픽 노블 시리즈물

보물창고 같은
홈페이지 활용법

홈페이지에 있는 자료도 무궁무진한데, 회원가입 없이 상당 부분을 바로 활용할 수 있어 더욱 매력적입니다. 특히 11권은 책장을 넘기며 e-북처럼 읽어볼 수 있고, 오디오로 소리도 들을 수 있습니다. 그리고 카툰 메이커(Cartoon Maker)라는 온라인 프로그램을 통해 직접 새로운 장면을 만들어볼 수도 있습니다. 여러 개의 배경화면, 캐릭터 모습, 말풍선, 소품 그림 등이 제공되므로 직접 만화가가 되어 이야기의 장면을 창조할 수 있으며, 출력하면 한 권의 책이 됩니다. 시간 가는 줄 모르고 모니터 앞에서 놀게 되는 부작용(?)이 있을 수 있답니다.

그 외에도 레슨 플랜과 워크시트를 다운받을 수 있습니다. 레슨 플랜이 아주 상세하고 체계적이라 실질적으로 도움이 되며, 책 속 장면을 사용한 다양한 형태의 워크시트나 활동자료도 제공하고 있습니다. 위

| 만화를 직접 만들어볼 수 있는 카툰 메이커 |

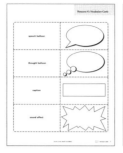  

크시트는 그림에 캡션 달기, 그래픽 오거나이저 이용하기 등 시리즈의 성격처럼 이미지를 이용한 경우가 많으며, 어린 아이들이 좋아하는 활동자료도 많습니다.

시리즈 미리보기
『Little Mouse Gets Ready』

시리즈 도서 중 『Little Mouse Gets Ready』는 2010년 가이젤상 은상 수상작입니다. 이 책은 Bone 시리즈로 유명한 제프 스미스의 작품

툰 북스 홈페이지에는 교사를 위한 레슨 플랜뿐만 아니라 아이들을 위한 다양한 활동자료와 책 읽기 동영상 등 알찬 자료가 많습니다. 꼭 활용해보세요. www.toon-books.com

그래픽 노블 시리즈물

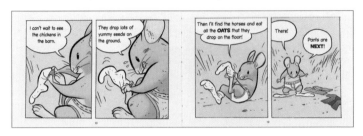

으로, 아기 생쥐와 엄마 생쥐의 대화로 이루어진 만화 그림책입니다. GRL은 F이고, 렉사일 지수는 160L, AR지수 1.3입니다.

아기 생쥐는 헛간으로 가자는 엄마 말에 신나게 외출 준비를 합니다. 팬티 구멍으로 꼬리를 빼내고 셔츠 단추도 하나씩 다 채우고, 신발까지 단단하게 묶고 집을 나서려는 순간, 엄마가 물어봅니다. "Why, Little Mouse! What are you doing?(아기 생쥐야, 너 도대체 뭐하는 거니?)" 아기 생쥐가 엄마의 질문을 이해하지 못하자 엄마는 이렇게 말합니다. "Well… mice don't wear clothes!(음… 생쥐는 옷을 안 입는단다!)" 책을 읽다 말고 푸하 웃음을 터뜨리게 되는 기막힌 반전입니다. 아기 생쥐도 깜짝 놀란 얼굴로 잠시 일시 정지했다가 후다닥 옷을 벗어던지고 헛간으로 달려가버립니다. 실제와 환상 사이를 교묘하게 줄타기하면서 날벼락처럼 그 틈을 파고든 재치 넘치는 책이지요.

홈페이지에서 다운받을 수 있는, 깜짝 놀랄 만큼 상세하고 문해 이론이 탄탄하게 깔린 레슨 플랜을 한글로 정리하면 다음의 표와 같습니다.

책을 읽은 후 리드 어롱(Read Along)으로 e-북을 보며 읽어주는 소리를 듣거나 카툰 메이커로 나만의 이야기를 만들어보아도 좋습니다.

| 『Little Mouse Gets Ready』 레슨 플랜 |

수업 시간	50~80분
읽기 전 활동	- 제공된 그림으로 뭔가를 하기 위한 준비과정에 대해 그리기 - 표지 보고 이야기 나누기
읽기 중 활동	- 그림에 대해 이야기하기 - 책을 읽는 동안 first, then, next, last, new, almost 등 단어를 쓰고 아래에 순서에 맞는 어휘 적기 - 내용어인 love, I can't wait, have to, hard, done 등이 나올 때마다 적기 (25~30분 소요)
읽기 후 활동	- 읽기 전 활동에서 그린 그림으로 발표하기(15~25분 소요) - 읽기 전 활동에서 그린 그림에 말풍선 달기(10~25분 소요)

| TOON BOOKS |

레벨	학년	렉사일	GRL	어휘수	권수	페이지
Level 1	7세~초1	BR~430L	E~J	70~523	20	32~48
Level 2	초1~초2	BR~510L	G~M	227~826	18	32~64
Level 3	초2~초3	130L~290L	K~P	470~1081	9	40~64
TOON GRAPHICS	초2~초6	220L-1030L		875~3916	14	48~120

그래픽 노블 시리즈물

리키 리코타 마이티 로봇
Ricky Ricotta's Mighty Robot

📈	렉사일	**510L ~ 640L**
▪	GRL	**M (AR 2점대)**
📄	권수	**총 9권**
🗐	면수	**112페이지 내외**
Ⓐ	어휘수	**1,109개** (『Ricky Ricotta's Mighty Robot』기준)

Ricky Ricotta's Mighty Robot은 9권짜리 그래픽 노블로, 로봇과 슈퍼히어로의 모험 이야기입니다. 이 시리즈의 글 작가는 데이브 필키 (Dav Pilkey)인데요, 그는 주의력결핍장애(ADHD)와 난독증으로 평탄하지 않은 어린 시절을 보냈다고 합니다. 학교에서 거의 매일 벌을 서느라 복도에서 혼자 시간을 보내야 했는데, 그때마다 만화를 그렸다고 하네요. 이후 작가로서의 재능을 드러내 수많은 책을 출간했고 지금은 많은 아이들에게 사랑받는 작가가 되었습니다.

학창 시절, 데이브 필키의 담임 선생님은 두고두고 회자되는 아주 유명한 '망언'을 남겼답니다. 바로 "You can't spend the rest of your life making silly books!(평생 이렇게 우스꽝스러운 책만 만들며 살 수는 없단다!)" 라고 말이지요. 담임 선생님이 머쓱할 만큼 데이브 필키는 '우스꽝스러운 책(silly books)'으로 큰 성공을 거둔 작가가 되었답니다!

Ricky Ricotta's Mighty Robot은 데이브 필키의 초기 작품입니다. 2000년 마틴 온티베로스(Martin Ontiveros)가 그림 작가로 참여해서 흑백 챕터북을 출간했는데, 2014년에 그림 작가를 댄 샌탯으로 교체하여 풀컬러 그래픽 노블로 재출간했습니다. 댄 샌탯은 『The Adventures of Beekle』로 2015년 칼데콧 금상을 수상한 그림 작가입니다.

시리즈의 주인공은 학교에서 덩치 큰 아이들에게 괴롭힘을 당하는 왕따 소년 리키 리코다입니다. 이야기의 배경은 스퀴키빌(Squeakyvill)인데, 찍찍거리는 소리를 뜻하는 'Squeaky' 마을이라니, 등장인물이 모두 생쥐로 묘사된 것과 관련이 있겠지요? 리키 리코타가 마이티 로봇과 만나는 이야기가 1편의 줄거리이고, 2편부터는 외계행성에서 온 악당 등을 물리치는 이야기로 구성되어 있습니다.

| 그래픽 노블과 챕터북 버전 |

그래픽 노블   그래픽 노블   챕터북

그래픽 노블 시리즈물

시리즈 미리보기
『Ricky Ricotta's Mighty Robot』

외동인 리키는 늘 엄마, 아빠와 시간을 보내는데, 그래서 가끔은 친구를 그리워하지요. 그런 리키에게 리키의 아빠가 "Someday something big will happen, and you will find a friend.(언젠가 엄청난 일이 생겨서 네게도 친구가 생길 거야.)"라고 말하며 위로하지요. 어느 날, 정말 '엄청난(something big)' 일이 생깁니다.

스퀴키빌에는 매드 사이언티스트인 맥나스티 박사가 살고 있습니다. 맥나스티 박사는 스퀴키빌을 파괴하고 세상을 지배하기 위해 마이티 로봇을 만들어 마을로 내려보냅니다. 하지만 로봇은 마을을 파괴하라는 맥나스티 박사의 명령에 망설입니다. 주변에 있는 선량한 사람들

| 『Ricky Ricotta's Mighty Robot』의 본문 |

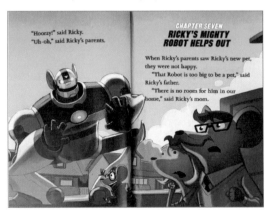

때문인데, 이를 본 맥나스티 박사는 리모콘으로 로봇을 고문하지요. 옆에 있던 리키는 용감하게 맥나스티 박사에게 공을 차서 리모콘을 망가뜨리는데요. 드디어 리키는 자신에게 '엄청난' 일이 생겼다는 것을 깨닫습니다. 그 후 리키는 반려 로봇과 모든 것을 나누게 되는데, 이때부터 리키의 일상은 환상과 모험으로 가득 차게 됩니다.

권당 1,000단어가 조금 넘어 얼리 챕터북보다도 글자가 적은데 15개의 챕터로 나누어져 있어, 짧은 호흡으로 쉽게 읽을 수 있는 책입니다. 단어도 비교적 쉬워서 리더스에서 얼리 챕터북으로 넘어가는 단계에 있는 아이들에게 부담도 적고, 만화로 된 그림을 보며 재미있게 읽다 보면 훌쩍 100페이지가 넘어갑니다. 마지막 부분에는 빨리 넘기면 움식이는 장면처럼 보이는 '플립오라마(flip-o-rama)' 페이지도 포함되어 있어서 아이들이 무척 즐거워합니다.

그래픽 노블 시리즈물

도그 맨
Dog Man

📏	렉사일	GN260L ~ GN550L
📊	GRL	P~Q (AR 2점대)
📖	권수	총 10권
📄	면수	240페이지 내외
Ⓐ	어휘수	5,035개 (『Dog Man』 기준)

　　데이브 필키의 대표작 Captain Underpants의 스핀오프 시리즈로, 현재 10권이 출간되었습니다. 데이브 필키가 유치원 다닐 때부터 초등 1학년 때까지 직접 그렸던 만화를 철자만 수정해서 출간했다는 놀라운 뒷이야기가 담겨 있습니다. 데이브 필키에 의하며 자신이 어릴 때 즐겨 보았던 Curious George시리즈와 『Harold and the Purple Crayon』에서 두 주인공의 이름, 조지와 해럴드를 가져왔다고 합니다. 주인공 조지와 해럴드는 함께 코믹북을 만드는데요, 그들이 만든 첫 만화책이 바로 Dog Man입니다. 액자 형식으로 되어 있으며, 조지와 해럴드가 자신들

| Dog Man | Dog Man Unleashed | Dog Man: A Tale of Two Kitties | Dog Man and Cat Kid |

이 만든 만화를 소개하고, 바로 Dog Man의 스토리가 펼쳐집니다.

이 책의 가장 큰 특징은 책을 만든 사람이 이 책을 읽는 아이들과 같은 '아이'라는 데에 있습니다. 그래서 책 속에는 아이들의 눈높이에 꼭 맞는, 아이다운 상상력이 가득하지요. 문장은 간단하고 직접적입니다. 웃음 포인트, 다양하면서도 단순한 감정 표현, 줄거리 전개 모두 아이들이 쉽게 이해하고 즐길 수 있습니다. 뒤로 가면서 새로운 인물이 더해지고 등장인물의 캐릭터도 바뀌므로 순서대로 읽는 것이 좋습니다.

데이브 필키가 만든 책의 특징이기도 한, 페이지를 넘기면 인물이 움직이는 것처럼 보이는 '플립오라마' 페이지도 재미있습니다. 조지의 담임 선생님이 집으로 보낸 경고문이나 해럴드의 반성문 모두 이 책에서만 맛볼 수 있는 특별함입니다. 물론 이 부분은 아이가 혼자 읽기 힘든 부분이라 도와주어야 하지만 말이지요. 책의 마지막 부분에는 주요 등장인물을 어떻게 그리는지, 그리고 도그 맨과 피티의 얼굴로 표현한 9개의 감정 그림도 나와 있어서, 따라 그려볼 수 있습니다.

시리즈 미리보기
『Dog Man』

나이트 경찰과 경찰견 그렉은 경찰서장에게 미움받는 콤비입니다. 이 책의 악역은 영리하고 교활한 고양이 피티입니다. 피티의 분석에 따르면 나이트 경찰은 뛰어난 신체조건을 가졌음에도 머리가 텅 비었고, 경찰견 그렉은 똑똑하지만 벼룩이 가득한 털과 운전이나 발차기를 못하는 비효율적인 신체를 가지고 있다고 합니다.

어느 날, 피티는 둘을 한꺼번에 제거하기 위해 폭탄을 터뜨리는데, 이때 나이트 경찰은 머리를 다치고 경찰견 그렉은 몸을 다치게 되죠. 결국 의료진은 나이트 경찰의 몸에 그렉의 머리를 붙여 전무후무한 경찰 '도그 맨'이 탄생합니다! 엽기적이고 황당한 발상인데, 아이들은 정

말 재미있어한답니다.

도그 맨은 똑똑하고 신체 능력도 뛰어나지만 개의 특성을 그대로 가지고 있어 의사표현을 할 때는 핥거나 그르렁거리기도 합니다. 의자에 앉기보다 경찰서 바닥에 주로 엎드려 앉아 있어 서장의 미움을 받기도 하지요. 심지어 개처럼 몸을 털어대고 예쁜 개를 쫓아다니기도 하고요. 하지만 뛰어난 청각과 후각, 정의감과 충성심으로 악당을 무찔러 결국 슈퍼히어로로 거듭나게 됩니다.

캡틴 언더팬츠
Captain Underpants

📏	렉사일	**640L~890L**
📊	GRL	**Q (AR 4점대)**
📖	권수	**총 12권**
📄	면수	**128페이지 내외**
Ⓐ	어휘수	**5,731개** (『The Adventures of Captain Underpants』 기준)

슈퍼맨, 배트맨, 아쿠아맨의 공통점은? 바로 타이즈 위에 속옷 (underpants)을 척하니 걸치고 있다는 거죠! 데이브 필키는 여기에 착안해서 하얀 면 팬티를 입고 커튼으로 만든 망토를 걸친 'Captain Underpants'라는 슈퍼히어로를 만들어냅니다. 한 마디로 엽기적이고 우스꽝스럽고 황당하고 민망한 슈퍼히어로가 탄생한 것이지요. 전 세계의 어린이들이 열광하는 책이지만, 어른들에게는 대머리 중년 아저씨의 팬티 차림이 충격적이기는 합니다. 거기에 저속하다는 비판을 받는 화장실 유머와 미래에서 온 해럴드를 게이로 묘사한 부분 때문에 금

서목록에 이름을 올리고 학부모와 평론가 들로부터 거센 항의를 받기도 했지요. 이런 논쟁에 대해 데이브 필키는 이렇게 답했습니다.

"Not every book is right for everyone. Instead of saying 'I don't think children should read this book,' just add a single word: 'I don't think my children should read this book.'(모든 책이 모든 사람에게 다 맞는 것은 아니다. '이 책은 어린이들이 읽으면 안 돼'라고 말하는 대신, 딱 한 단어만 더해서 '이 책은 우리 아이가 읽으면 안 돼'라고 말하면 된다.)"

한 마디로 볼 사람만 보라는 것이지요. 중간중간 만화가 있기는 하지만 전체적으로는 그림이 많은 챕터북(Illustrated children's novel) 느낌입니다. 이야기가 가볍게 연결되어 있어 순서대로 읽는 것이 좋습니다.

초등 4학년 아이가 쓴 글을 바탕으로 하고 있기 때문에 사용된 어휘나 표현이 쉽다는 점도 큰 장점입니다. 그리고 저렴한 가격으로 살 수 있는 두 권의 액티비티북도 출간되어 가로세로퍼즐, 미로찾기, 빈칸 채우기, 만화 그리기 등을 할 수 있습니다.

| Captain Underpants |

Captain Underpants and the Sensational Saga of Sir Stinks-A-Lot

Captain Underpants and the Attack of the Talking Toilets

Captain Underpants and the Perilous Plot of Professor Poopypants

그래픽 노블 시리즈물

챕터북과 만화를 합한 형식의 그래픽 노블이기 때문에 음원도 나와 있는데 1편의 경우 1시간에 걸쳐 녹음되어 다소 속도가 느립니다. 하지만 그래픽 노블은 글을 읽으며 그림도 봐야 하니 녹음 속도가 느린 것이 오히려 자연스럽기도 합니다. 또 영화와 TV 시리즈가 모두 나와 있어 영상의 도움을 받을 수 있답니다. 2017년 드림웍스가 만든 〈Captain Underpants: The First Epic Movie〉는 상업적으로도 크게 성공했는데 원작의 내용을 잘 살린 3D 애니메이션입니다. 2018년 드림웍스에서 만든 TV 애니메이션 〈The Epic Tales of Captain Underpants〉도 최근 넷플릭스에서 방영되기 시작했으니 책과 함께 활용하기에 좋습니다.

시리즈 미리보기
『The Adventures of Captain Underpants』

주인공은 4학년생인 말썽꾸러기 조지와 해럴드로, 둘은 유치원 시절부터 절친입니다. 조지는 이야기 만들기를 좋아하고 해럴드는 그림 그리기를 좋아해서 둘이 함께 여러 권의 코믹북을 만듭니다. 둘은 함께 그린 코믹북을 아이들에게 팔기도 하고, 온갖 짓궂은 장난은 다 합니다.

어느 날, 조지와 해럴드는 팬티만 입고 날아다니는 슈퍼히어로가 나오는 만화를 만들게 됩니다. 그리고 말썽을 피우다가 둘을 눈엣가시

처럼 어기던 교장 선생님 미스터 크랍(Mr. Krupp)에게 딱 걸려서 수난의 시간을 보냅니다. 절치부심하던 둘은 '최면 반지'의 힘을 빌려 크랍 교장 선생님에게 '캡틴 언더팬츠'가 되라고 '명령'을 내리는데, 그 즉시 크랍 교장 선생님은 옷과 가발을 벗어던지고 커튼을 찢어 망토를 만들어 입은 후 위기에 처한 사람들을 구하러 밖으로 뛰쳐나가버립니다. 조지와 해럴드는 깜짝 놀라 캡틴 언더팬츠를 찾으러 나가는데….

자, 전 세계의 악당을 무찌르는 셋의 모험은 이렇게 시작되지요. 정의감은 가득하나 슈퍼파워는 하나도 없는 캡틴 언더팬츠는 3편에서부터 날아다니기, 무한정 팬티 끄집어내기 등의 슈퍼파워를 가지게 된답니다.

한 번도 만나보지 못한 독특한 슈퍼히어로인 캡틴 언더팬츠는 물론이고, 책을 읽을 때마다 새롭게 등장하는 개성 가득한 악당들의 특징을 정리해보는 것도 재미있습니다. 우선 크럽 교장 선생님은 규율에 벗어나는 것은 모조리 싫어하는, 사실싱 아이들 자체를 모두 싫어하는 심술궂고 못된 사람입니다. 푸짐한 몸집과 머리 위에 우스꽝스럽게 올려진 가발이 가장 인상적이지요. 이후 조지와 해럴드의 최면에 걸려 손가락을 튕기는 소리만 들으면 캡틴 언더팬츠로 빙의됩니다. 캡틴 언더팬츠는 모든 사람을 도와주기 위해 애쓰는 친절하고 유쾌한 사람인데, 특히 아이들을 보호하려는 성향이 강하지요. 뱃심을 가득 담은 굵직한 목소리로 "트랄랄라~~~"를 곧잘 외칩니다. 그리고 물에 젖으면 다시 크럽 교장 선생님으로 돌아가지요. 속옷만 입은 자신을 발견할 때면 주로 "What's going on here?(지금 무슨 일이야?)"라고 고함을 지릅니다.

각 편에 나오는 주요 캐릭터들의 특징을 이름, 외모, 조력자들, 능력, 몹쓸 계획들 순으로 정리해보는 것도 재미있습니다. 매회 새로운 악당들이 새로운 계획을 들고 나타나니까 말이지요.

배드 가이즈
The Bad Guys

📏	렉사일	**530L~550L**
📊	GRL	**P (AR 2점대)**
📄	권수	**총 12권**
📝	면수	**140페이지 내외**
Ⓐ	어휘수	**2,311개** (『The Bad Guys』 기준)

　호주 작가 아론 블레이비(Aaron Blabey)의 대표작으로, 지금까지 총 12권이 출간되었습니다. 아론 블레이비는 파닉스 그림책 시리즈 Pig the Pug로도 유명합니다. 그의 책들은 두운과 라임이 잘 맞고, 유머와 반전이 잘 어우러져 언제나 재미있습니다. 특히 착한 아이 프레임에서 벗어나 악당을 주인공으로 만들어서 색다른 쾌감을 선사한답니다. 이 기적이고 못된 퍼그가 주인공인 이야기 『Pig the Pug』, 안아달라고 보채는 뱀이 주인공인 『I Need a Hug』, 사람들의 엉덩이를 무는 것을 좋아하는 피라냐들이 주인공인 『Piranhas Don't Eat Bananas』 등에서 보

| The Bad Guys |

The Bad Guys

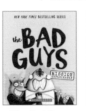

The Bad Guys
in Mission
Unpluckable

The Bad Guys
in the Furball
Strikes Back

The Bad Guys
in Attack of the
Zittens

듯이 말이지요.

The Bad Guys 역시 늑대, 뱀, 상어, 피라냐가 주인공입니다. 이야기 책에서 늘 악역으로 등장하는 동물들이라 시작부터 심상치가 않습니다. 양복 입은 늑대가 등장해서 책을 읽는 독자와 눈을 맞추고 말을 거는 독특한 형식의 책입니다.

경찰의 내부 문건에 의하면, 늑대의 범죄는 '아기 돼지 집 무너뜨리기', '양으로 신분 위장', '할머니 잡아먹기 미수', '잠옷과 슬리퍼 절도'인데요, 늑대는 자신의 화려한 범죄 이력에 대해 "내가 가끔 할머니 옷을 입는 걸 좋아하기는 하지만 악당은 아니야"라고 외치고 나쁜 이미지를 벗기 위해 열심히 뛰어다닌다는 내용입니다. 새로운 악당들이 계속 나오고 주인공들의 캐릭터가 변하기 때문에 순서대로 읽는 것이 좋습니다. 아이들이 보는 책인데 어쩐지 미드를 보는 듯한 느낌이 들 정도로 감각적이고 스피디한 내용 전개가 인상적입니다. 2022년 4월, 드림웍스에서 영화로 만든다고 하니 기대해도 좋을 듯합니다.

시리즈 미리보기
『The Bad Guys』

1편 『The Bad Guys』에서는 늑대가 자신과 비슷한 이미지를 가진 뱀, 상어, 피라냐에게 다른 이들을 구하는 '영웅'이 되면 사람들이 우리를 좋아할 거라고 설득하고, 영웅적인 일을 함께 찾아나서는 내용입니다. 나무에 끼인 고양이 구해주기, 동물보호소에 갇힌 개들 탈출시키기 등 우여곡절 끝에 임무를 완수한 이들. 모두들 착한 일을 해보니 의외로 기분이 좋아진다는 것을 깨닫고 앞으로 'the GOOD GUYS CLUB'에 가입하기로 약속하며 1편이 마무리됩니다.

2편부터는 이들이 진정한 'good guys'로 거듭나는 에피소드들이 나오는데, 매 권마다 타란툴라, 매드 사이언티스트 기니피그, 에이전트 여우 등 특징적인 캐릭터가 나와 지루할 틈 없이 이야기가 전개됩니다.

등장인물이 나올 때마다 경찰이 작성한 용의자 문서가 뒷배경에 깔리는데, 이 페이지의 난이도는 상당히 높은 편입니다. 어휘 수준뿐만 아니라 높은 수준의 배경지식을 함께 요구하기 때문입니다. 용의자 문서에는 각 동물의 특성을 alias(가명), associates(동료), criminal activity(범죄 활동), status(현재 경고 등급) 등의 항목 아래 정리해놓았습니다. 특히 status에서 늑대는 Dangerous(위험), 뱀은 Very Dangerous(아주 위험), 피라냐는 EXTREMELY Dangerous(엄청나게 위험), 상어는 RIDICULOUSLY DANGEROUS(터무니없을 만큼 위험)라고 표현되어 있는 게 눈에 띕니다. 점점 강해지는 표현과 대문자로 뜻을 강조한 부

그래픽 노블 시리즈물

분도 돋보이지요? 글자 크기, 대소문자 운용, 기울기 변화 등을 이용해 문자를 비주얼 텍스트로 적극 활용하고 있답니다. 평소 말수가 적은 상어가 말을 할 때면 글자 크기가 2배로 커지는 식으로요.

글이 모두 구어체이고 극적인 장면이 많아 눈으로만 읽기 아까운 책입니다. 역할을 정하거나 캐릭터의 목소리를 나름 설정해서 연극처럼 소리 내어 읽으면 재미있게 유창성 연습을 할 수 있습니다. 이때 우리에게 낯선, 하지만 영어의 '감'을 키워줄 수 있는 슬랭어에 주의를 기울이기 바랍니다. 말끝마다 man이나 chico를 붙이거나, 'C'mon' 혹은 'f' word인 'freaking'이 들어가는 부분은 아주 건들거리며 읽는 것이 좋겠지요?

남미에서 온 피라냐는 시니컬하고 엽기적인 캐릭터인데 스페인어를 중간중간 섞어 씁니다. 뱀과는 자주 투닥거리는데, 뱀에게 "You big Worm.(넌 덩치만 큰 꿈틀이야.)"이라고 말했다가 잡아먹히기도 합니다.

그러면서도 개들이 "Vampire sardine(피 빨아먹는 정어리)"라고 하자 방방 뛰기도 하지요. 남의 엉덩이살을 깨무는 게 특징이어서 butt 혹은 bum이란 단어와 같이 나오는 경우가 많습니다. 책에서 피라냐가 사용하는 스페인어로는 caramba(저런), hola(안녕), chico(소년), loco(미친), hermano(형제) 등이 있습니다.

한편, 상어는 묵직한 존재감을 드러내는 덩치와는 달리 단순하고 어수룩한 캐릭터입니다. 누구든 잡아 먹는 무시무시한 존재이지만 피라냐와 함께 'fish' 카테고리로 묶여 뱀에게 모욕을 당하거나 여장을 하고 나타나 책에 재미를 더합니다.

유튜브에서 검색하면 성우보다 더 성우처럼 읽어주는 동영상이 있으니 새도 리딩을 먼저 연습한 후 혼자 읽기를 할 것을 추천합니다. 책 속 대화 문장은 이렇게 영어의 맛이 제대로 담겨 있다는 장점과 외국어 학습 환경의 아이들이 미묘한 어감의 차이를 알아차리기 힘들다는 단점이 동시에 존재합니다.

아뮬렛
Amulet

📈	렉사일	**GN310L~GN400L**
📊	GRL	**R (AR 2점대)**
📖	권수	**총 8권 이상** (신간 출시 중)
📄	면수	**200페이지 내외**
Ⓐ	어휘수	**4,398개** (『The Stonekeeper』 기준)

저자 카즈 키부이시는 Harry Potter의 출간 15주년 북커버를 그린 그림 작가로도 유명합니다. 일본계 미국인인 그의 그래픽 노블은 미국의 다른 그래픽 노블과는 색깔이 완전히 다릅니다. 압도적으로 섬세하고 아름다운 그림, 상상을 초월하는 등장인물, 정교하고 방대한 세계관 등이 카즈 키부이시 작품의 특징입니다. Flight와 Explorer 등 여러 그래픽 노블 시리즈를 성공적으로 출간했으며, 스콜라스틱 그래픽스가 치열한 경쟁 끝에 판권을 얻은 Amulet 시리즈는 지금까지 8권이 출간되었습니다. 마지막 책인 9편은 곧 출간 예정입니다.

Flight　　　Explorer:　　　Amulet:
　　　　　The Mystery　　The StoneKeeper's
　　　　　Boxes　　　　　Curse

시리즈 미리보기
『The Stonekeeper』

　프롤로그부터 심상치 않습니다. 주인공 에밀리가 엄마, 아빠와 함께 남동생 나빈을 데리러 가는 길에 교통사고가 나면서 아빠가 차와 함께 절벽 아래로 추락하고 말지요. 아빠가 돌아가시고 2년 후, 엄마와 에밀리, 남동생 나빈은 생활고로 인해 시골에 있는 할아버지 집으로 내려가게 됩니다. 증조 할아버지가 살았던 집을 엄마가 상속받았거든요.

　어느 날, 에밀리는 할아버지의 서재에서 아뮬렛(amulet)을 발견하는데, 그날 밤 지하실로 내려간 엄마가 비명소리와 함께 실종되는 사건이 벌어집니다. 에밀리와 나빈은 엄마를 찾기 위해 지하실에 갔다가 낯선 세계와 연결된 통로를 발견하게 되지요. 그곳에서 만난 증조 할아버지가 아뮬렛의 힘을 통해 엄마를 구하고 시간을 되돌려 아빠까지 구할 수 있다고 합니다. 그렇게 모험이 시작되고 에밀리가 아뮬렛의 힘을 받아

들여 슈퍼파워를 지닌 전사로 거듭난다는 판타지 이야기입니다.

이 그래픽 노블은 깊이 있는 내용에 비해 텍스트의 양이 적고 난이도도 높지 않아 대문자로 쓰여 있음에도 술술 읽힙니다. 새로운 세계에 살고 있는 등장인물들이 모두 현실 세계에서 볼 수 없는 독특한 캐릭터이기 때문에 이 부분에 관심을 기울이는 것이 좋습니다. 그리고 새로운 캐릭터가 나올 때마다 이름과 특징에 대해 정리하도록 유도한다면 이야기를 이해하는 데에 도움이 될 것입니다. 책의 권수가 넘어가면서 스톤키퍼(Stonekeeper)의 능력이 점점 강해지는데, 1권에서는 에너지빔을 쓰는 것과 공중부양 능력이 살짝 나오는 정도지만, 나중에는 염력과 텔레파시도 사용할 수 있게 됩니다.

| 『The Stonekeeper』의 본문 |

윔피 키드
Diary of a Wimpy Kid

	렉사일	**910L~1060L**
	GRL	**T (AR 5점대)**
	권수	**총 16권**
	면수	**224페이지 내외**
	어휘수	**19,784개** (『Diary of a Wimpy Kid』기준)

DIARY
of a
Wimpy Kid

Diary of a Wimpy Kid는 2004년 펀브레인(FunBrain)이라는 웹사이트에 처음 올라왔는데, 2,000만 건의 조회수를 기록할 만큼 뜨거운 반응을 얻었습니다. 2007년 책으로 출간되었고, 1편은 뉴욕타임스 베스트셀러 목록에 114주간 머무를 만큼 엄청난 인기를 누렸습니다. 총 16권이 나왔으며, 주인공 그렉의 절친 라울리 제퍼슨을 주인공으로 한 책 3권이 스핀오프로 나와 있습니다.

이 책은 중학교에 입학하는 그렉의 일기장 그 자체입니다. 심플하고 명료한 그림, 치기 어린 중학생 남자아이의 적나라한 내면 묘사, 주

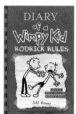

Rodrick Rules   The Last Straw   Rowley Jefferson's
Journal

변인들에 대한 시니컬한 평가 등이 유머와 잘 어우러져 읽는 내내 웃음을 참을 수 없는 책입니다. 중학생 남자아이의 머릿속이 궁금하다면 바로 이 책을 읽어보면 될 듯합니다.

주인공 그렉이 자신의 부모를 설명하는 장면도 인상 깊습니다. 예를 들어, 그렉이 뭔가를 잘못하면 아빠는 무조건 손에 들고 있는 것을 던지기 때문에 신문을 읽고 있을 때는 괜찮지만 아빠가 벽돌 쌓고 있을 때 걸리면 큰일 난다던가, 엄마는 절대 내 잘못을 잊는 법이 없어서 일주일 동안 열심히 착한 일을 하고 이제는 용서가 되었겠다 싶을 때에도 그동안 적절한 벌을 깊이 생각했다며 갑자기 벌칙을 선언한다는 등의 내용이 나온답니다. 지극히 일상적이면서 미처 깨닫지 못했던 틈을 파고든, 재미있는 이야기들이 가득합니다.

다이어리 형식이라 그렉의 속마음이 그대로 드러나는 것도 흥미롭습니다. 일기에 따르면, 그렉은 게으르고, 옹졸하고, 자기 도취적이며 겁이 많고, 남 뒤통수 때리는 짓을 잘하고, 이기적이고 정직하지 않은 성격이지요. 하지만 결정적 순간에는 늘 옳은 선택을 한답니다. 사춘기

에 접어든 이이리면 자기 이야기처럼 공감하게 되는, 미성숙한 인간의 보편적 특성을 가지고 있는 캐릭터입니다.

원작의 인기에 힘입어 모두 4차례나 영화화되었는데, 〈Diary of a Wimpy Kid〉는 1편을, 〈Diary of a Wimpy Kid: Rodrick Rules〉는 2편을, 〈Diary of a Wimpy Kid: Dog Days〉는 시리즈 도서 3편과 4편을 그대로 영화로 옮겼고, 모두 흥행에 성공했습니다. 네 번째 작품인 〈Diary of a Wimpy Kid: The Long Haul〉는 시리즈 도서 9편과 10편을 바탕으로 제작되었습니다. 2021년에 또 새로운 영화가 나온다고 하니, 엄청난 화제를 몰고 다니는 책이 맞네요.

그래픽 노블로는 드물게 음원이 나와 있습니다. 음원 속도가 180 wpm 전후로 상당히 빠른 편인데, 생각보다 빠르게 느껴지지 않습니다. 마치 어른이 된 그렉이 들려주는 것처럼 캐릭터가 생생하게 살아 있는 음원이라 꼭 들어볼 것을 추천합니다. 흘려듣기는 물론이고, 책을 펼치고 같이 듣는 집중듣기 교재로도 완벽합니다.

시리즈 미리보기
『Diary of a Wimpy Kid』

중학교에 입학한 그렉은 엄마로부터 일기장을 선물받습니다. 절대 자신의 감정(feeling)을 담기 위해서가 아니라 이다음에 유명해져서 인터뷰 요청이 밀려들 때를 대비해 미리 기록을 남기는 차원에서 적는 일기장이라는 그렉의 말로 시작됩니다. 그렉은 하루에 수염을 두 번 깎아야 하는 고릴라부터 초등 1학년에서 성장이 멈춘 것 같은 아이까지 한꺼번에 다 모아놓은 중학교야말로 말도 안 되게 황당한 곳이라고 적었는데, 실감나는 표현이지요? 하지만 그 중학교에서 어떻게 해서든 인기남이 되려고 노력하는 그렉의 모습은 절박해서 더 재미있답니다. 학생회 임원 선거에서 다른 후보를 비방하다가 후보에서 쫓겨나기, 이웃 어린이들을 대상으로 유료로 유령의 집(Haunted House)을 운영하려다 아빠한테 혼나기, 우스꽝스러운 옷을 입고 레슬링 수업(Wrestling Class)과 학교 공연(School Play) 참가하기 등 하는 일마다 꼬이는 1년을 보내게 됩니다. 그러다가 유치원생 길 건너기 봉사활동(Safety Patrol)에서 무책임하게 행동하는 바람에 절친인 라울리와 멀어지게 되지요. 함께 그리던 만화가 교내 신문에 실리지만 라울리만 스포트라이트를 받아 더욱 심술이 난 그렉. 그렉은 어떻게 라울리와 다시 친구가 될까요?

학교생활, 우정, 이성, 왕따, 가족 간의 갈등 등 이 무렵 아이들이 겪고 있는 이슈들을 생생하고 코믹하게 담아낸 책입니다. 간결하지만 완벽하게 메시지가 전달되는 그림이 주는 즐거움도 빼놓을 수 없지요. 이야기가 서로 연결되므로 순서대로 읽을 것을 추천합니다.

이 시리즈는 웹사이트에 여러 활동자료가 많습니다. 스콜라스틱이나 굿리즈 등 다양한 사이트에서 퀴즈를 풀 수 있고, 224페이지 분량의 『Do-It-Yourself Book』이 나와 있습니다. 책을 읽은 후 이 액티비티북을 활용해서 다양한 쓰기와 내용 이해 활동을 할 수 있습니다.

| 『Do-It-Yourself Book』의 본문 |

그래픽 노블 시리즈물

Diary of a Wimpy Kid 이전에도 일기 형식의 책이 없었던 것은 아니지만 이 책의 성공으로 비슷한 형태의 책이 쏟아져 나왔습니다. 일기 형식의 책이면서 이 책과 수준이 비슷하고, 남자아이가 주인공이고 상업적으로도 크게 성공한 그래픽 노블로는 Big Nate 시리즈를 꼽을 수 있습니다. 그래픽 노블은 아니지만 여자아이가 주인공이고 비슷한 수준의 작품으로는 Dork Diaries 시리즈, Dear Dumb Diary 시리즈 등이 있습니다.

표지	제목	GRL	어휘수	권수	특징
	Amelia's Notebook	Q		29	새로 이사를 와서 모든 것이 낯선 9살 아멜리아의 일기장. 손글씨 느낌
	Big Nate	S	13,810	8	Wimpy Kid와 비슷하지만 더 쉬움. 6학년 네이트의 학교생활을 다룬 책
	Dork Diaries	V	29,945	14	사립학교로 전학 간 중2 니키의 자아찾기 일기장
	Dear Dumb Diary	S~X	8,094	12	외모, 남자친구, 인기에 일희일비하는 제이미의 일기장. TV 영화로 제작

PART 2.

그래픽 노블 단행본

스마일
Smile

000	렉사일	**GN410L (AR 2.8)**
📄	면수	**224페이지**
Ⓐ	어휘수	**8,270개**
👥	추천 연령	**초등 4학년 이상**

　그래픽 노블계의 최고 인기 작가라 해도 과언이 아닌 레이나 텔게마이어(Raina Telgemeier)의 작품입니다. 그는 『Smile』을 쓰는데 자그마치 5년이 걸렸다고 합니다. 처음에는 웹툰으로 연재되다가 스콜라스틱의 그래픽 노블 계열사인 그래픽스로부터 출판 제안을 받아 나온 책입니다. 레이나 텔게마이어는 『Smile』의 연작인 『Sisters』, 『Guts』뿐만 아니라, 픽션 그래픽 노블인 『Drama』, 『Ghosts』 등 자신의 책 여러 권을 뉴욕타임스 베스트셀러 목록에 올렸습니다.

　『Smile』의 연작들은 모두 작가의 자전적 이야기인데 텍스트의 난이

| Sisters | Guts | Drama | Ghosts |

도 차이가 다소 있고, 출간 시기와 성장 시기가 비례하는 것은 아니므로 순서와 상관없이 읽어도 괜찮습니다. 첫 권『Smile』은 6학년부터 고등학교 1학년 때까지의 이야기입니다. 그 다음 작품인『Sisters』는 동생이 태어나기 전 어린 시절의 기억부터 고등학교에 들어갈 때까지의 자매 간 에피소드를 담은 이야기이고,『Guts』는 초등학교 3, 4학년 때의 이야기입니다. 난이도 순으로 보면『Sisters』가 렉사일 지수 GN290L로 가장 쉽고,『Smile』과『Guts』순으로 조금 더 어렵습니다. 추천 연령은 시리즈 도서 모두 초등 4학년 이상입니다.

『Smile』은 6학년인 레이나 텔게마이어가 걸스카우트 행사를 마치고 집으로 돌아가다가 넘어지는 것으로 시작합니다. 이 사고로 앞니 하나는 부러지고 또 하나는 심하게 안으로 들어가버려 송곳니가 두드러진 드라큘라가 되는데, 이때부터 레이나 텔게마이어의 험난한 치아교정 시대가 시작됩니다.

결국 앞니 두 개를 모두 빼고 교정기를 끼게 되는데 한창 외모에 신경을 쓰는 시기인지라 교정기와 연관된 여러 가지 에피소드가 생기지

요. 그 중에 앞니가 예고없이 불쑥 빠지는 공포에 시달리며 첫 남자친구와 키스를 상상하는 장면에서는 공감이 되면서도 웃음이 터집니다. 자그마치 4년 반 동안이나 진행된 치아교정의 고통을 유머로 승화시키는 레이나 텔게마이어의 모습이 인상적입니다.

고등학교에 입학한 후에야 겨우 교정기에서 벗어나게 되는데, 그때까지 여느 평범한 아이들처럼 친구들과의 우정, 학교생활, 남자친구에 대해 고민하고 좌절하고 극복하고 받아들이는 과정이 상세하게 담겨 있습니다. 작가는 이 책을 치아교정을 하고 있는 아이들은 물론이고 사랑, 우정에 대해 고민하고 있는 모든 이들을 위해 썼다고 인터뷰에서 밝혔는데, 실제로 많은 아이들이 이 책을 통해 위로받았다고 합니다.

또래 아이들의 마음까지
위로하는 이야기

이 그래픽 노블은 힘들었던 치료 과정 속에서 레이나 텔게마이어가 만화 형태로 꾸준히 적었던 일기를 바탕으로 하고 있습니다. 그래서 상황 묘사나 감정 표현이 아주 섬세하지요. 그리고 논픽션이기도 해서 이를 치료하는 과정이 상세하게 묘사되어 있습니다. 물론 로맨스와 우정 등 또래 아이들이 쉽게 공감할 수 있는 내용이 주를 이룹니다.

유튜브에 가면 작가의 강연을 쉽게 찾아볼 수 있으니 책을 읽은 후 영상을 찾아보아도 좋습니다. 작가의 말 중 인상적인 구절을 하나 소개하겠습니다.

"I used to rely on black-and-white, and while I was working on 'Smile,' I learned to adapt to color on my end.(예전에는 상황을 흑과 백으로 명확하게 구분하곤 했는데 Smile을 쓰면서 나만의 색깔을 찾아서 입히게 되었다.)"

학창 시절을 되돌아보았을 때 좋았던 기억과 나빴던 기억, 좋은 아이들과 나쁜 아이들에 대한 기억이 명확했는데 이 책을 쓰면서 당시의 상황과 그 시절의 아이들을 좀 더 폭넓게 이해하게 되었다는 내용입니다. 지금은 엄청나게 큰일 같지만 나중에 되돌아보면 별일 아니라는 위로를 담고 있지요.

그래픽 노블 단행본

이 책이 만화라 쉽게 읽히는 것은 사실이지만, 그래도 장르가 논픽션이라 어휘의 체감 난이도는 상당히 높습니다. 내용상 치과 관련 용어가 많이 나오는데 이렇게 특정 주제와 관련된 어휘는 문맥으로 파악하기 힘들기 때문에 따로 익히는 것이 좋습니다. 이런 어휘들을 '특정 주제 어휘(Domain Specific Words)'라고 하는데, 일반적인 글에서는 접할 기회가 적고 특정 주제에 들어갔을 때에만 접할 수 있습니다. 그러니 이 기회에 치아교정과 관련된 어휘들을 익히는 것도 좋겠습니다.

| 치아교정 관련 어휘 모음 |

단어	의미
orthodontist	치과 교정 전문의
nauseous	메스꺼운
endodontist	치과 보존과 전문의
denture	의치
permanent	영구적인
temporary	임시의
bolt	자물쇠로 단단히 채우다
fuse	혼합하다
retainer	치아교정 장치
cosmetic	성형용
gauze	거즈
periodontist	치주전문의
misshapen	모양이 정상이 아닌, 기형의

프린스 앤 드레스메이커
The Prince and the Dressmaker

📊	렉사일	**GN360 L (AR 3.0)**
📄	면수	**288페이지**
Ⓐ	어휘수	**6,718개**
👥	추천 연령	**초등 4학년 이상**

　2018년에 출간된 그래픽 노블로, 문장이나 어휘의 난이도는 높지 않으나 추천 연령은 고학년인 책입니다. 표지를 보니 딱 신데렐라 이야기처럼 보이지요? 하녀 복장을 한 소녀와 제복을 입은 귀공자라니! 하지만 이 책은 그런 진부한 생각을 했다는 사실 자체가 부끄러워질 만큼 파격적입니다. 그래픽 노블이지만 가슴을 울리는 멋진 대사가 많아 이 책을 인생작이라고 말하는 후기가 줄을 잇는, 아주 특별한 책이지요.

사회적 통념을 걷어찬
감동의 인생작

시대적 배경은 근대에서 현대로 넘어가는 유럽입니다. 가난하지만 재능 있고 꿈 많은 재봉사 프란시스는 어느 날 누군가의 개인 재봉사가 되어달라는 제안을 받습니다. 부유한 의뢰자는 바로 드레스 입는 것을 좋아하는 세바스찬 왕자였지요. 세바스찬은 프란시스에게 자신의 드레스를 만들어달라고 부탁하며 이렇게 말합니다.

"I'm a prince who likes dresses. My whole life is other people deciding what's acceptable. When I put on a dress, I get to decide what's silly.(나는 왕자인데 드레스를 좋아해. 나는 이미 정해진, 적합한 행동만 해야 하는 삶을 살고 있어. 하지만 내가 드레스를 입을 때는 오직 나만이 이 드레스가 적합한지 우스꽝스러운지 결정할 수 있지.)"

이제 프란시스는 세바스찬의 전속 재봉사가 됩니다. 늘 부속품처럼 정해진 분량의 바느질만 하다가 스스로 디자인한 드레스를 맘껏 만들 수 있게 된 행복감도 잠시, 세바스찬이 변장을 하고 드레스를 입는 한 프란시스는 자신도 그늘에서 살아야 한다는 사실을 깨닫게 되지요.

"You're a secret, which means I'm a secret!(드레스를 입는 너는 비밀이고, 그래서 나도 세상에 나를 드러낼 수 없어!)"

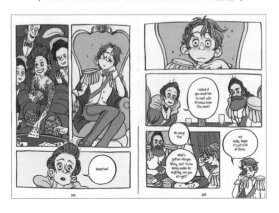

세바스찬과의 우정과 자신의 일 사이에서 갈등하는 프란시스. 그 와중에 세바스찬의 비밀이 언론에 노출되면서 세바스찬은 잠적하고, 프란시스는 대형 백화점의 디자이너로 들어가게 됩니다. 자신의 디바였던 세바스찬과 함께 원하는 대로 드레스를 만들었던 과거와 달리 사람들이 원하는 드레스를 만들게 되지요. 프란시스의 새 드레스는 여전히 아름답지만 이전과는 다릅니다.

"Your name is on the dress but the dress has none of you in it!(이 드레스에는 네 이름이 붙어 있지만, 이 드레스 속에는 네가 없어!)"

"This job won't love you back, you know (이 일은 네게 드레스에 대한 네 사랑을 되돌려줄 수 없어.)"

영혼 없이 일하고 있는 많은 이들을 의자에서 벌떡 일어나게 만드는 대사지요? 서로 떨어져서 불행한 프란시스와 세바스찬은 이 위기를 어떻게 극복할까요? 이후 이야기는 상상을 초월하는 해피엔딩입니다. 자신의 일을 사랑하고 스스로의 힘으로 단단하게 땅을 딛고 서는 프란시스와 사회의 고정관념을 벗어던지고 자신의 모습 그대로 세상에 부딪친 세바스찬을 통해 독자는 카타르시스를 느끼게 됩니다. 백마 탄 왕자 이야기를 완전히 벗어던진, 후련하면서 가슴 먹먹한 이야기입니다.

드레스가 주요 소재이다 보니 그림이 화려하고 아름다워 눈이 호강하는 책이기도 합니다. 말풍선으로만 줄거리가 이어지는데 모두 소문자라 읽기도 편하지요. 디자인 관련 어휘가 제법 나와 그 부분은 책을 읽기 전에 미리 짚어보아도 좋겠습니다.

| 의상 디자인 관련 어휘 모음 |

단어	의미
measure	치수를 측정하다
sleeve	소매
horizonal stripes	가로 줄무늬
waistlines	허리선
corset	코르셋
athleticism	활동성
seamstress	재봉사
a costume designer	의상 디자이너
muse	영감을 주는 사람
garments	옷

엘 데포
El Deafo

📊 렉사일   **GN420L (AR 2.7)**

📄 면수   **248페이지**

Ⓐ 어휘수   **17,071개**

👥 추천 연령   **초등 3학년 이상**

타인에 대한 이해의 폭을 넓혀주는 뛰어난 작품으로, 2015년 뉴베리 은상을 수상했습니다. 작가의 자서전이라 논픽션으로 분류되었지요. 청각 상실 과정과 보청기 착용 등 청각장애와 관련된 어려운 어휘가 많아 GRL 지수가 X로 초등 고학년 수준이지만, 아이의 영어 수준이 높거나 부모가 도와줄 수 있다면 내용 자체는 초등 저학년도 쉽게 이해하고 공감할 수 있습니다.

원래 그림책 작가인 씨씨 벨(Cece Bell)은 2013년과 2020년, 두 차례에 걸쳐 『Rabbit and Robot: The Sleepover』와 『Chick and Brain:

Rabbit & Robot:
The Sleepover

Chick and Brain:
Smell MY Foot!

Smell My Foot!』로 가이젤상 은상을 수상했습니다. 2015년에는 『El Deafo』로 뉴베리상 은상까지 수상했으니 활동 영역이 그림책에서 그래픽 노블에 이르는 특별한 작가라고 할 수 있겠지요. 이런 씨씨 벨을 더욱 특별하게 만드는 부분은 후천적 청각장애를 가지고 있음에도 이를 받아들이고 극복하는 삶을 살고 있다는 점입니다. 그리고 지금 소개하는 책 『El Deafo』는 씨씨 벨이 청력을 잃고 어떻게 이를 극복하며 성장해나갔는지에 대한 자전적 이야기를 담고 있습니다.

씨씨 벨은 4살 때 뇌수막염으로 청력을 잃게 되면서 다니던 유치원을 떠나 청각장애 아이들을 위한 유치원을 다니게 됩니다. 거기서 돈 선생님을 만나서 보청기를 통해 듣는 불완전한 소리에 화자의 입술을 읽는 시각적 독해를 더해 다른 사람의 말을 이해하는 법을 배우게 되지요.

그러다가 다른 지역으로 이사를 가게 되어 일반 아이들을 위한 초등학교에 입학하게 되는데요, 이때의 씨씨 벨은 늘 자신의 보청기를 어떻게 숨길지를 고민하는, 자신이 남들과 똑같기만을 바라는 소심한 아이였지요. 여러 명이 수업을 듣는 초등학교 교실의 특성 때문에 씨씨 벨의 보청기(Phonics Ear)는 담임 선생님의 마이크와 세트로 구성이 되어 있었습니다. 러프톤 선생님의 목에 걸린 마이크를 통해 선생님의 목소리가 증폭되어 씨씨 벨의 귀에 들어오는 방식이었지요. 그런데 선생님이 수업 시간 이후에도 마이크 끄는 것을 종종 깜빡했기 때문에 씨씨 벨은 자연스럽게 다른 아이들이 절대로 알 수 없는 것들을 알게 됩니다. 선생님이 지금 어디에서 무엇을 하고 있는지를 알게 되니, 이제 교실에서 아이들이 마음 편히 떠들고 놀 수 있는 시간을 알려주는 중요한 사람이 되었습니다. 그리고 멀리 떨어져 있는 다른 사람들의 대화까지 마이크를 통해 들을 수 있어 다름이 특별함으로 다가오는 경험을 하게 됩니다. 이제 씨씨 벨은 청각장애가 있다는 사실에 더 이상 움츠러들지 않게 되고, 다른 아이들이 가지지 못한 능력을 가진 슈퍼히어로가 되었다고 느끼게 됩니다.

이 책은 이렇게 씨씨 벨이 청력을 잃고, 보청기에 적응하는 과정, 여느 아이들처럼 진정한 우정을 찾아가는 모습을 놀랄 만큼 섬세하게 서술했습니다. 비극적이지만 인간인 이상 누구라도 생에서 맞닥트릴 수 있는 일을 받아들이는 과정을 과장되지 않게 풀어내 잔잔한 감동을 줍니다.

그래픽 노블 단행본

다름이 특별함이 될 수 있다는
아름답고 감동적인 메시지

씨씨 벨은 가디언지(The Guardian)와의 인터뷰에서 이 책을 쓰게 된 계기에 대해 밝힌 적이 있습니다. 마트 계산대에서 캐셔의 말을 알아듣지 못해 큰 곤란을 겪은 날, 집으로 오는 차 안에서 캐셔에게 "I can't understand you. I'm deaf. See?(못 알아듣겠어요. 저는 청각장애인이에요. 보이죠?)"라고 당당히 말하지 못했던 자신에 대해 되돌아보게 됩니다. 살면서 단 한 번도 "I'm deaf.(나는 청각장애인입니다.)"라는 말을 입 밖에 내지 않았고, 유명 작가가 되었음에도 "that deaf author and illustrator(저 청각장애인 작가)"라는 말을 듣지 않기 위해 인터뷰를 절대 사양하는 등 자신을 드러내지 않기 위해 애를 써왔기 때문이지요.

이 일을 계기로 씨씨 벨은 자신의 블로그에 어린 시절의 이야기를 쓰면서 자연스럽게 "I'm deaf."라는 말을 하게 됩니다. 또한 그즈음에 레이나 텔게마이어의 『Smile』을 읽으며 영감을 받았다고 하는데, 그래픽 노블이야말로 소리를 잃어가던 자신의 상황을 표현하는 데에 가장 적합하다는 사실을 깨달았던 것이지요. 그래서 소리가 점점 안 들리는 상황을 말풍선 안에서 흐려져가는 글자로 표현하는 인상적인 장면이 탄생하게 됩니다. 말풍선을 통해 실제로 상대방이 하는 말과 씨씨가 보청기를 통해 듣는 말의 차이를 한눈에 비교할 수 있다는 점도 매력적입니다. '소리'가 중요한 키워드이기 때문에 이 책은 한글 번역본보다는 원서를 읽는 것이 훨씬 전달력이 좋답니다.

　그런데 책의 등장인물을 왜 토끼로 표현했을까요? 작가는 누군가가 자신의 귀에 꽂힌 보청기를 알아차릴까 봐 늘 귀에 엄청나게 신경을 썼는데, 그 마음을 역설적으로 반영해서 등장인물을 토끼로 만들었다고 합니다. 토끼는 큰 귀가 특징인 동물인데, 귀가 안 들리는 주인공이 토끼라니! 재미있는 발상의 전환이지요? 책의 제목 『El Deafo』는 귀가 먹었다는 뜻의 deaf에 스페인어 정관사인 el을 붙여 '나는 귀가 먹었지만 세상에 하나밖에 없는 특별한 존재'라는 뜻입니다.

　이 책은 이렇게 재미있고 감동적이고, 청각장애인에 대한 이해를 넓혀주는 멋진 책이지만 보청기(Hearing Aid)와 관련된 설명이 일부 있어 미리 짚어주어도 좋습니다. 책을 다 읽고 난 후에도 다시 앞으로 돌아오게 되는데, 이 책을 부모에게 바친다는 씨씨 벨의 헌사가 마음을 울컥하게 합니다. 마지막으로 책의 주제를 잘 담고 있는 문장 하나를 소개하겠습니다.

"And being different? That turned out to be the best part of all. I found that with a little creativity, and a lot of dedication, any difference can be turned into something amazing. Our differences are our superpowers.(남들과 다른 것? 알고 봤더니 남들과 다르다는 것은 세상에서 제일 멋진 일이었어. 조금 더 창의적으로 생각하고 열심히 집중하면, 다름은 정말 멋진 것이 될 수 있어. 남들과 다르다는 것이 바로 우리의 슈퍼파워거든.)"

| 청각장애 관련 어휘 모음 |

단어	의미
meningitis	뇌수막염
visual clues	시각적 정보
context clues	문맥상 정보
gestural clues	동작을 통한 정보
exaggerated mouth movement	과장된 입술 움직임
hearing aid	보청기
The Phonic Ear	상품명. 음성이 들리는 귀 정도로 해석
volume knob	음량조절 손잡이
earpiece, earmold	이어폰(귀에 끼우는 장치)
deaf	청각 장애가 있는
microphone	마이크
audiologist	청력학자
high-pitched	음성 톤이 높은, 고음의

최근에 그래픽 노블들이 쏟아져 나오고 있어 이를 모두 소개할 수는 없지만, 그래도 아쉬운 마음에 몇 개의 시리즈를 간단히 정리해보았습니다.

표지	제목	GRL	어휘수	권수	특징
	Lunch Lady	Q	1,758	10	학교 급식 담당자들이 알고 보니 슈퍼히어로
	Ghosts	R	5,487	1	삶과 죽음이라는 소재를 감동적으로 풀어낸 성장 그래픽 노블
	Sunny Side Up	S	3,607	3	11살 소녀 써니가 플로리다에서 여름을 보내는 이야기. 1970년대 배경
	Real Friends	S	6,502	1	유치원 입학부터 초등 졸업 때까지 진정한 친구 한 명 찾기
	Rapunzel's Revenge	U	11,023	2	라푼젤 전래동화 비틀기. 1인칭 시점. 서부극 분위기
	Drama	U	8,630	1	드라마를 선택해서 뮤지컬을 완성해나가는 중학생 아이의 이야기
	The Witch Boy	W	5,705	3	마녀와 마법사의 역할이 분리된 세상에서 마녀의 일을 하고 싶은 마법사 소년의 이야기

| 그래픽 노블 종합 레벨표 |

학년	GRL	그래픽 노블	
초등 2학년	K		
	L		
	M	Ricky Ricotta's Mighty Robot	A Narwhal and Jelly Book
초등 3학년	N	A Binky Adventure	
	O		
	P	Dog Man	Cat Kid Comic Club
초등 4학년	Q	Captain Underpants	Lunch Lady
	R	The Prince and the Dressmaker	Ghosts
	S	Big Nate	Sunny Side Up
초등 5학년	T	Diary of a Wimpy Kid	Smile
	U~V	Rapunzel's Revenge	Drama
초등 6학년	W~X	Bone	The Witch Boy
	Y~Z	American Born Chinese	

학년	GRL	그래픽 노블		
초등 2학년	K			
	L			
	M	Press Start!		
초등 3학년	N			
	O			
	P	The Bad Guys		
초등 4학년	Q	Babymouse	Baby-Sitters Club	
	R	The Cardboard Kingdom	Stepping Stones	Amulet
	S	Real Friends	New Kid	
초등 5학년	T			
	U~V	Roller Girl		
초등 6학년	W~X	El Deafo	Wonderstruck	
	Y~Z			

찾아보기

영어책 좋아하는 아이의 비밀

리더스 챕더북 영어 공부법

ⓒ 정정혜, 2021

초판 1쇄 펴낸날 2021년 10월 7일
초판 3쇄 펴낸날 2023년 2월 15일

지은이 정정혜
펴낸이 배경란 오세은
펴낸곳 라이프앤페이지
주소 서울시 종로구 새문안로3길 36, 1004호
전화 02-303-2097
팩스 02-303-2098
이메일 sun@lifenpage.com
인스타그램 @lifenpage
홈페이지 www.lifenpage.com
출판등록 제2019-000322호 (2019년 12월 11일)
디자인 이민재

ISBN 979-11-91462-05-0 (13590)